岭南文化读本

陈建文　主编

陈泽泓　著

岭南
建筑园林

LINGNAN
JIANZHU YUANLIN

SPM
南方传媒　｜　广东人民出版社
·广州·

图书在版编目（CIP）数据

岭南建筑园林 / 陈泽泓著. —广州：广东人民出版社，2023.6
ISBN 978-7-218-15756-6

Ⅰ.①岭…　Ⅱ.①陈…　Ⅲ.①建筑文化—广东　Ⅳ.①TU-092.965

中国版本图书馆CIP数据核字（2022）第068236号

LINGNAN JIANZHU YUANLIN
岭 南 建 筑 园 林
陈泽泓　著

出 版 人：肖风华

责任编辑：李展鹏　王俊辉　曾白云
装帧设计：　琥珀视觉
责任技编：吴彦斌　周星奎

出版发行：广东人民出版社
地　　址：广州市越秀区大沙头四马路10号（邮政编码：510199）
电　　话：（020）85716809（总编室）
传　　真：（020）83289585
网　　址：http://www.gdpph.com
印　　刷：广州市人杰彩印厂
开　　本：787毫米×1092毫米　1/16
印　　张：14.25　　字　　数：210千
版　　次：2023年6月第1版
印　　次：2023年6月第1次印刷
定　　价：68.00元

如发现印装质量问题，影响阅读，请与出版社（020-85716849）联系调换。
售书热线：020-87716172

岭南文化读本

主　编　　陈建文

副主编　　崔朝阳　王桂科

前　言

　　岭南建筑与园林，植根于岭南土壤，浸润着岭南文化，是中华建筑、园林文化的一颗璀璨明珠。

　　建筑与园林是人类为自身创造的物质环境，同时又是精神和综合艺术的承载体，是社会文明演进与历史发展的积淀和见证。地域建筑体系的构设，建筑风格的形成，园林艺术的塑造，离不开一方人民在长期实践中的勤劳与智慧相结合的创造，也必然受到自然环境、社会历史、经济条件和人文意识的制约。本书将剖析造就岭南建筑、园林风格特色的自然条件、历史背景、经济背景和民俗文化背景，彰显岭南建筑、园林的地位和特点，讲述岭南建筑、园林发展的历史分期、发展途径、文化积累及在各个时期的突出成就。

　　岭南建筑、园林具有自身风格、技术特色、工艺特色。本书从这些方面讲述其与其他地域建筑园林文化特别是中原建筑园林文化的联系和差异，从而展现岭南建筑、园林特色鲜明的风格特征、设计与技术的奥妙，以及工艺精华。

　　岭南建筑门类多样，风格多样，异彩纷呈。本书选取民居、庙宇、祠堂、园林建筑、亭台楼坊、交通、水利、近代公共建筑以及其他建筑门类（包括书院学官、会馆、军事建筑及陵墓）等，分类述介，对具有不同民系、不同区域特色的典型个案作具体介绍。岭南园林艺术被誉为中国传统造园艺术三大流派之一，在中国造园史上有着非常重要的意义，特别是在现代园林的创新和发展上，更有着举足轻重的作用。本书择要介绍其发展演变，择要介绍岭南园林的精华之作。

　　要而论之，读者可以在阅读中，领略岭南建筑文化、园林艺术的秀色与魅力。

目 录

一、倚岭面海成一体

岭南位于中国南方，因地在南岭（又称五岭）之南得名，又称岭表、岭外。本书讲述岭南，只及广东省境情况。岭南建筑、园林是在岭南特定的自然环境和历史进程中，通过不断吸收、融合外来文化而发展，近现代以来加速变化，从而形成具有个性的地域文化风格。

（一）环境条件

环境条件，最重要的是自然环境，也包括社会历史背景、民俗文化背景、经济条件背景等，它们对于建筑、园林的发展及文化风格的形成，都有所制约。

1. 自然环境

广东背靠南岭、面向南海，境内地形复杂，有山地、丘陵、台地和平原，还有漫长的海岸线及众多的港湾和岛屿。山地并不很高，面积占陆地总面积三分之一以上，主要分布在粤北、粤东和粤西的内陆地区。平原面积占陆地总面积近四分之一，以珠江三角洲和韩江三角洲为大，在全国各大三角洲中分别名列第三、第六位。海岸线达3368公里，全国最长。平原和海岸线对广东经济的发展起着举足轻重的作用。其余为丘陵地带。沿海河流成网，形成三大水系，即由北江、西江、东江组成的珠江水系，由梅江和汀江组成的韩江水系，以及数目虽多却互不关联的其他沿海水系。

岭南地域气候属热带、亚热带季风气候类型，日照充分，气候温暖，冬无严寒，夏秋多台风，全年适宜植物生长，远古时代更是林茂果丰，野生动物栖息繁衍。

这一气候环境，使防风、防雨、防腐成为对建筑物的基本要求。沿海台地、平原地区还要重视防洪、防潮。先民的居住建筑，则还要防毒虫猛兽。因此，干栏式木构建筑成为本地区早期重要的建筑形式，林木茂盛则为构建干栏式木构建筑提供了充足的物质条件。为适应山地、

干栏式水滨建筑复原图

丘陵、平原水网地区的复杂地形，后来产生了多种形制和不同材料的建筑。以后发展起来的岭南建筑，不论是木、石、砖构，都十分注重抵御自然灾害袭扰的功能。总体而言，背靠南岭、面向大海的既封闭又开放的地理位置，使岭南文化呈现出独特的发展状态，早期由于南岭阻隔，此地区开发落后于岭北；后期借面海之利而得风气之先，开风气之先。上述因素，对建筑、园林发展步伐及风格形成，有着直接影响。

2. 历史背景

在漫长的史前社会及先秦时期，岭南先民早已与岭北有着文化交往。秦平岭南，以中原文化为主的岭北文化开始大规模南下。先秦岭南居民属百越民族，秦、南北朝、宋末大规模的移民浪潮，促进了汉越民族的融合。至唐宋时期，确立了汉文化在岭南的主导地位，开化步伐加快，海上丝路起点广州更是商贸繁荣。至明清时期，岭南经济和文化全面发展，在珠江三角洲，社会文明程度接近中原和江南富庶地区。潮州府城发展为新兴的商业城市，至清代成为仅次于广州的岭南第二大城市。鸦片战争以后，广东成为中西文化激烈碰撞的地区，是我国最早出现近代民族资本主义工业的地方，也是民主革命策源地。辛亥革命以后，广东是大革命时期的革命根据地。这一时期广东各城市大力推进近

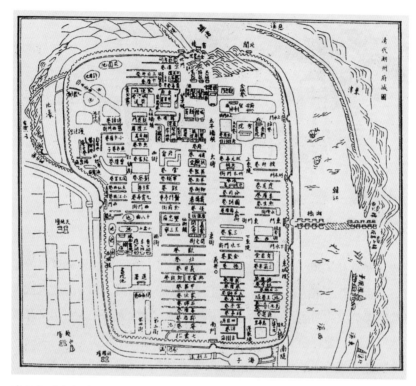

清代潮州府城图

代城市向现代化城市转型，省会广州是岭南城市建设发展的代表。因此，民国时期岭南城市建筑的功能、类型、材料、形制等方面均产生了显著变化。

中华人民共和国成立初期，全国气象一新，各地兴建道路、发展工业。在广州，由于外贸开放的特殊需要，兴建了一批举世瞩目的配套建筑设施，其中包括传统岭南园林风格的酒家，也包括"文化大革命"期间在全国建筑界一片沉寂中建成的创全国建筑高度纪录的广州宾馆、白云宾馆。建筑界出现了京、沪、粤三大派的说法。改革开放之后，广东敢为人先，成为经济强省，建筑业在住宅建筑、交通公共基础设施、文教体育设施、商业设施等方面均取得辉煌成就。公共园林出现于民国时期，在新时期的建设有了突飞猛进的发展。

岭南的历史进程，必然具象地反映到建筑、园林的建造上。比如秦汉时期兴建的堡城塞障，是这一时期军事斗争的产物。南越王国建都番禺城，留下了规模宏大的南越王宫、苑囿、陵墓遗址。五代时的南汉王国建都兴王府城（今广州城），大兴土木，"三城之地，半为苑囿"。明清时期卫所筑城、炮台烽燧的营建，表明了岭南沿海的军事战略地位。烈士陵园、纪念碑等建筑的构建，表明了近代岭南的觉醒和革命斗争之激烈。改革开放之后在建筑业出现的"深圳速度"，正是新时期岭南文化特征在建筑文化上的突出表现。

3. 民俗文化背景

岭南地区土著文化为百越文化，随着北方汉民族的大规模南迁，融合衍变为广府、潮汕和客家三大民系为主体的汉族文化多元文化组合，此外，还有少数民族文化、新时期的特区文化等。岭南与周边地域文化因时因地有不同交流影响：秦汉以前，较多地受到楚文化影响；秦汉以后，则先后受中原文化、两湖文化、江南文化的影响。粤北受赣南文化，粤东受闽南文化影响更为直接。

广东与海外文化交流历史久远，从古代海上丝绸之路到近代的西学东渐，传教士首先进入广东内地，加上众多华侨在接受和传播西方文化中所起的桥梁作用，使岭南率先接受西方近代的思想和先进技术，岭南文化从总体上呈现出开放、兼容的特性。

民俗文化背景对岭南建筑文化有着深刻影响：多神崇拜的民俗流风使得岭南庙宇建筑庞杂繁多；为维系聚族而居的移民宗族，宗祠建筑遍及城乡；适应不同民系、文化区的生活习俗，构成不同的建筑文化景观；各类宗教建筑的存在，反映了世界三大宗教以及道教很早就传入岭南，也反映了它们的传播轨迹；明清礼制建筑的兴筑，尤其是功名、贞节坊在广州、潮州等地的大量建树，反映了封建礼制在这些地区的强化；侨乡建筑在吸纳外来建筑文化上开风气之先；西方建筑文化在开埠城市、教会建筑中得到移植；毗邻地域的民俗文化对岭南各民系亦分别留下烙印，例如潮汕建筑善于石构，其工艺技术发源于福建，客家建筑中的围屋，则是江西、福建客家文化的传衍。

4. 经济背景

上古时代，岭南地旷人稀，五岭障阻，社会发展进程较中原地区迟缓。从春秋中期起，岭北文化大体是沿着湘桂走廊进入粤西和越过大庾岭进入粤北，带动了从西向东、从北向南的由点及线的开发。番禺（今广州）从汉代开始即为都会，雷州半岛的徐闻、海康（今雷州）是早期贸易的重要口岸，这些地方的建筑也率先使用了砖瓦。唐代的广州一跃成为世界著名大港，出现了商业城市景观。

至宋代，珠江三角洲和韩江三角洲的开发加快，商品经济在广东活跃起来，农业、手工业生产技术进步已臻成熟，珠江三角洲市镇迅速发展繁荣。明清时期，广东的经济、文化跃居全国先进行列，形成了以府（州）县为中心的城镇体系。明嘉靖年间，全省圩市有439个。清代，形成了广（州）—佛（山）—陈（村）—石（龙）广东四大镇的城镇系列，乾隆年间珠江三角洲地区圩市达到570个。粤东巨镇潮州也形成历史文化古城格局。

明清时期，广东各地掀起大规模城建工程，大量使用砖瓦等建筑材料，建筑装饰工艺形成鲜明地方特色，砖雕、石雕、木雕、彩画以及陶塑、灰塑、瓷嵌、铜铁、玻璃饰件等装饰工艺非常普遍，尤以佛山陶瓷塑饰及潮州金漆木雕成就为高。在粤中地区出现以"四大名园"为代表的高水平园林艺术。

近代开放的广东，多渠道地吸取西方先进实用知识和技术，建筑领域从城镇规划、建筑技术、建筑风格、建筑材料、建筑功能等方面均发生了重大变化，形成岭南建筑景观的崭新面貌。

现代广东，改革开放的经济腾飞，为建筑业的飞速发展和园林的普及提供了充足的物质条件和展现技艺的机会。各种公共文化设施、交易展馆、体育场馆、大学城等大规模新型建筑如雨后春笋般涌现于岭南大

广州塔

地，其中，昵称"小蛮腰"的广州塔（广州新电视塔）塔身设有世界最高最长的空中漫步云梯，世界最高的旋转餐厅、摩天轮，以及垂直速降游乐项目和户外观景平台。交通基础设施建设尤为突出，高速公路、铁路、航空及港口站场建设的规模、速度、水平均跻身世界先进行列，地铁在珠三角出现并创造了许多建设速度的全国纪录。农村城市化使城市公共服务设施的建设突飞猛进。在"路通财通"的口号下，大规模的桥梁建设使原来深受水网影响的陆路交通变成通途。

总之，岭南建筑、园林既有承袭中原文化、吸纳周边地域文化和海外文化的一面，又有保持本土文化特色的一面；岭南建筑、园林折射出岭南文明开发的历史轨迹，积淀着岭南的人文思想、民情风俗。在更深层面上，建筑形制的沿袭与革新，还反映出思想意识的因循、糅合、突破与外向等复杂因素。

（二）发展概况

1. 远古至先秦时期

迄今发现广东境内先民最早的活动遗址，是郁南县磨刀山与南江旧

韶关曲江马坝人遗址

石器地点群旧石器时代遗址，其年代距今约60万年至80万年。遗址位于河滩，考古学上称为旷野遗址。据北大教授夏正楷分析："目前发现最早的人生活在河漫滩上……不盖房子，直接找个树或是雨淋不到的地方休息。"①迄今发现岭南先民最早的居住遗址，是约12.9万年前的曲江马坝人栖身的天然洞穴。同一时期在粤北、粤西也有住在山地穴洞的先民。

新石器时代遗址，在粤中以土墩、贝丘和沙丘遗址为主，粤北、粤西仍以洞穴和山岗遗址为主，粤东平行岭地区以山岗遗址为主，粤东南沿海以贝丘、沙丘遗址为主，也有土墩和台地遗址。这反映了人类活动及居处范围，由山地洞穴向河流两岸的山冈地以及沿海岛丘迁徙的趋向。在五六千年前至三四千年前，先民生产方式由渔猎扩大至渔牧农耕，生活区域扩大至江海之滨及平原、丘陵地带，出现了适于定居生活的地面建筑、半地穴式房屋和干栏式房屋建筑。曲江石峡遗址下层的地面建筑遗址，是一种木骨泥墙大房子，其中较大一座长屋，残长40米，

---

① 《南方都市报》2015年4月10日。

中间有隔墙，当时条件下可住数十人，可能是氏族内一群血缘亲属的居所。其后，又有曲江周田鲶鱼转和韶关走马岗的半地穴式房屋，推测其为四角立柱两坡顶的木骨泥墙茅屋，平面呈椭圆形或方形。在贝丘遗址地区的增城金兰寺遗址下层、东莞村头、三水银洲贝丘遗址以及深圳咸头岭，也发现有此类房屋遗址，表明先民栖居住处已拓展至南海之滨。东莞村头遗址面积达1万平方米，从已发掘的四分之一面积中发现了9条壕沟，是聚居村落的防御设施，屋内地面黏土经火烧烤，是建筑工艺的萌芽。

新石器时期岭南居住建筑，大体位于江河湖海边的一级台地上和一二级台地的山冈上。在珠江、韩江等大江两岸和沿海海岸一级台地上发现大量贝丘遗址。中山大学校园内的红岩山岗、佛山河宕遗址都曾是岭南原始部族村落，其建筑是以竹木为主的地面式建筑。在高要茅岗发现分布面积达数万平方米的木构房屋遗址，是高架于水面或滨水靠岸的干栏式建筑。出土木构件带有榫卯，屋顶树皮板两端有三角形孔眼，说明铺设后曾用钉加固。在广东北部、西部的先民居所可能以半地穴式建筑为主，然后才过渡到主要是干栏式建筑的地面建筑。

先秦时期，中原地区砖瓦的推广使用有传入岭南的迹象。始兴白石坪战国遗址出土有规模较大的筒瓦、半瓦当和绳纹板瓦。这一时期岭南手工业的进步，为即将发生的建筑业突变作了技术和物质上的准备。其一，珠江下游地区的新石器时期墓葬中，往往发现有玉石雕刻的装饰品，可与良渚文化媲美。其二，晚期的制陶手工业比早中期有长足进步，出现了比较先进的烧陶窑，例如约在商代的韶关走马岗横穴窑、商周时期的梅县凹峰山圆穴窑、西周的平远石正圆穴窑、战国时期的增城西瓜岭龙窑。窑炉本身就是生产用途建筑。

2. 秦汉时期

秦平岭南，随后赵佗在西汉初建南越国，引入中原文化，岭南建筑史掀开崭新一页。秦在岭南立郡县，开新道、设关隘、筑塞堡，岭南大地出现了一批较大规模的建筑工程，这些建筑工程固然首先着眼于政治、军事目的，客观上却大大方便了交通和促进了南北经济、文化交流。新道，即秦时之越道，诸如由江西大余越岭入广东南雄、由湖南郴州越岭入广东连县之道路。关隘，重要的有横浦、阳山、湟溪关及洭口关，筑嶂寨、城堡，辅以关隘，扼阳山、连山、南雄、英德等处穿越五岭南入粤水路之要道。重要遗址发现于粤北，以乐昌城郊武江南岸"洲仔"较为完整，总面积有8000多平方米。这些工程大量采用了夯土、石筑技术，显然是吸收了中原地区的技术成分，并结合岭南本土环境而有所创造。

西汉初，番禺城是南方最大的商业都会和南越国国都。已发掘出南越国王宫遗址以及南越王墓。王宫遗址有大型铺地砖、"万岁"瓦当、大型水池铺设。这一时期在岭南各地建造了一批高台建筑。史传赵佗建有越王、白鹿、朝汉、长乐四台，五华狮雄山汉代建筑遗址，据专家推测为长乐台。还有澄海龟山西汉建筑遗址等，反映了当时建筑工程的蓬勃兴起以及工程技术水平之提高。岭南各地出现了一批作为郡县政治统治中心或军事据点的城邑塞堡，如秦建龙川县城、南海郡城（任嚣城），西汉建徐闻、博罗县城，东汉建增城县城等。

南越国国王及臣民营建了一批等级分明的墓葬建筑。已发现的南越

番禺东汉砖砌券顶墓

广州南越王宫遗址出土铺地砖

王赵眜墓是岭南地区最大的古代石室墓。墓坑采用20余米竖穴与掏洞构筑耳室相结合的做法,全墓用大小750多块粗加工石头结砌而成,工程十分艰巨。两汉时期的岭南墓葬从土坑墓、石室墓转向砖室券顶墓。东汉墓出土大量的住宅模型,展示了这一时期砖瓦建材及木构体系的推广。

夯土技术普遍应用于城墙、关隘乃至坞堡等大型建筑工程上。南方雨水多,建筑难度更高。岭南现存秦汉夯土城堡遗迹中,可见其因地制宜地采取了以砾石垫基、泥石混合分层配料等方法,夯土十分坚实。直到近代,夯筑技术在岭南民居建筑中仍广泛应用。

石构技术被应用于墓葬和宫苑的营建。修筑南越王墓而大规模采石,墓室盖顶石板最重一块近3吨。南越王宫苑遗址水池底大面积铺砌切合工巧的冰裂纹石板,是创造性工艺。出土八棱石栏杆,是我国迄今发现年代最早的石栏杆构件。出土石渠、石板平桥以及作为石构建筑基座的两列高1.9米的大石板,在我国建筑史上具有重大价值。岭南石工在石料开采和施工上积累了丰富经验,优良传统得到长期传承。

砖木构技术也得到大量应用。西汉初南越王宫大量采用铺地砖和"万岁"瓦当。南越王宫遗址出土有约0.8米见方、厚0.15米的被称为"中国第一大砖"的铺地砖,有国内罕见的陶空心望柱,用于宫殿转角基台处的斜面印花砖,还有专用于砌井圈的弧形小砖,制砖技术达到相当水平。砖瓦传入岭南以后,建筑工匠创造出木结构瓦顶夹泥墙结构干栏式楼阁，由此发展出曲尺式、三合式住宅，组合出多种形式的楼阁、庭院、坞堡，反映出因地制宜、不拘一格的设计思想。

所有这些，说明在秦汉时期的岭南，作为中国传统主要建筑材料的土、木、石、砖，均已得到采用；宫苑、道路、住宅、陵墓、城关等建筑门类均有所兴建。这一时期在岭南建筑史上具有开启性地位，影响十分深远。

3. 魏晋南北朝时期

魏晋南北朝时期，岭南建筑仍处在不断融入以中原文化为主的外地文化的发展进程。这一时期北方陷于内乱与混战，大批中原衣冠望族的南徙，推进了岭南开发；海上交通贸易更加活跃，佛教从海上传入；陶瓷业有新的发展；农业经济为主的经济基础稳步确立。这些因素，推动着岭南建筑进一步发展。

古建遗迹分布范围扩大，是这一时期岭南政治、经济、军事、文化发展的集中表现。广东现存自秦到南北朝时期的约20座古城遗迹，大多数为这一时期，夯土修筑。有平兴县城、宋熙郡城（在今高要），单牒、索卢县城（在今新兴），阳春郡城、流南县城（在今阳春），良德县城（在今高州），南合州城（在今海康），电白郡城、南巴郡城（在今电白），平定令城（在今吴川）、石龙郡城、罗州城（在今化州），罗阳县城（在今博罗），梁化郡城（在今惠东），安怀县城（在今东莞）等。古城址及聚居遗址集中分布在粤西，反映了这一地区在政治、军事上的重要地位。聚居地遗址多分布在粤北、粤西，有的聚居点面积达数万平方米，是移民南迁合族而居的痕迹。揭阳九肚山发现有全木结构晋代住屋遗迹，别具一格。

这一时期，寺观建筑开始出现。晋代广州有兴建寺院之举（位于今光孝寺址），西晋末期建有广州越冈院（今三元宫前身），南梁建成木构大塔宝庄严寺舍利塔（今六榕花塔前身），东晋初罗浮山葛洪创建四庵（今冲虚观等道观前身）。

岭南地区六朝墓葬大多为砖室墓，反映了砖材的迅速推广。墓葬较密集地分布在珠江三角洲及北江、西江、韩江流域。珠江三角洲一带的六朝墓，较为集中于广州。粤东发现南朝民居聚居点遗迹、墓葬虽不多，但形制级别较高、规模较大，显示自东南沿海入粤移民经济实力较强，政治地位和文化素质较高，对粤东潮汕、客家文化的形成和文化特征，产生深远影响。

4. 隋唐五代时期

这一时期岭南仍处于开疆阶段，建筑仍处于融入中原建筑体系的发展阶段，发展存在较大不平衡。

岭南建筑的发展，较突出地体现在州县城营建、寺庙兴建以及砖瓦等建筑材料的推广上。城市营建以广州城发展为快。唐代都市普遍执行严格的里坊制，而广州的城市规划与管理适应商业发展，率先呈现出一种自觉的对外开放形态。官府批准设立侨居区蕃坊，对商业往来敞开城门，城内一再扩街道、列店肆，构成沿河布市与临街设市的格局。唐末，清海军节度使刘隐凿禺山建新南城，城区扩展。南汉国定都广州，设置兴王府，兴王府城仿唐长安明确划分城市区域，建设规模空前，宫殿、寺庙、园林建筑成一时辉煌，官苑建设工程之大，堪称五代十国之最，并已经渐趋自觉地塑造着岭南特有的建筑风格和园林特色，对宋以后的岭南建筑和园林艺术有着较重要的影响。

在岭南建筑史上，宗教建筑始终较为兴盛。究其原因，一是封建等级制度严格限制着地方建筑形制和规模，只有精神领域地位至尊的宗教寺庙才可能不受限制；二是岭南的宗教活动较为活跃。宗教建筑的兴建，甚或竭州县之财力，殚民间之积蓄。今存宋代寺庙建筑，如广州光孝寺大殿、潮州开元寺大殿、南雄三影塔，尚存大唐遗风。隋唐敕建南海神庙规模宏大，后世虽屡有修建，基本规制仍得以保留。南汉国热衷于建寺造庙，环绕兴王府城四方共建二十八寺以应天上二十八宿。据不完全统计，广东境内南汉时期所建寺院有45所。

存于广州光孝寺的南汉东铁塔

存于广州光孝寺的南汉西铁塔

隋唐时期岭南建筑技术进步的重要表现之一，就是砖、瓦、石等建筑构件的推广。砖、瓦推及民间范围之广、规模之大、时间之长，不仅从文献述及唐代广州延续近百年的推广以瓦易茅的官方行为可得印证，而且可从各地发掘的大面积唐代建筑遗迹中证实。徐闻五里乡二桥村遗址、大黄乡唐土旺村遗址，面积6000至1万平方米，遗存印纹红砖、板瓦、筒瓦莲花纹瓦当及莲花形柱础、砖瓦。广州唐代建筑遗址出土兽头砖，制作精致，与长安大明宫麟德殿出土物相似，反映官署建筑的华丽和工艺水平的高超。潮州北郊北堤头瓷窑及窑上埠砖瓦窑，窑床底部出土的莲花纹圆瓦当，也与长安大明宫遗址出土物相同。揭阳新亨镇落水金钟山麓发现唐大型砖瓦房屋遗址，显示出砖木结构建筑推及粤东。今存广州光孝寺、潮州开元寺的石经幢，是岭南存世罕见的唐代石经幢，潮州开元寺石经幢尤为端庄宏丽。广州南越王宫博物馆藏南汉大型石构柱础，约1米见方，围绕柱基圆形平面雕出16只狮子，颇有波斯建筑风格。此外，还有颇具地方特色的建筑材料。唐人《岭表录异》记载：卢循"余党奔如海岛，野居，唯食蚝蛎，叠壳为墙壁"。这种蚝壳墙房屋，直至近代仍流行于珠江三角洲一带。在粤西，则有以珊瑚板为墓室建材者。南汉建造殿堂，采用了金、银、铁等金属为建材或装饰，又用铁铸了高大的佛塔，乾和殿铸了12根巨型铁柱，每根周长约2.5米，高近4米。昭阳、秀华诸宫殿，"以金为仰阳、银为地面，榱桷皆饰以银"，"立万政殿，一柱之饰，黄白金三千锭，以银为殿衣，间以云

广州光孝寺唐代大悲幢

南汉大型围狮石柱础

潮州开元寺唐代佛顶尊胜陀罗尼经幢

母"，"殿宇梁栋、帘箔，率以珠杂玳瑁为饰，穷极华丽"，[①]还用珍珠铺垫宫殿水渠。此一时期还建有造型独特的伊斯兰教建筑广州怀圣寺塔、佛教建筑潮阳灵光寺大颠祖师塔。

5. 宋元时期

宋元时期，广东进入大规模开发时期，汹涌南下的移民潮，使岭南社会产生重大变化，大大缩小了同岭北的差距，岭南居民亦衍化为以汉族为主体。南方相对更显稳定繁荣，虽在宋元之际一度受阻滞破坏，之后仍有所发展。为适应经济发展、人口剧增、推进开发之需要，在岭南掀起了大规模基础建设的高潮，岭南建筑工程技术发生了又一次飞跃性变化。

城镇建设方面，广州宋城大小修缮工程达20余次，其中最重要的四次中，前三次集中于北宋中期，建成中、东、西三城，面积为唐城四倍以上，奠定了延续至明清的城墙基本格局。1995年在广州中山五路地铁工地发现宋代城墙遗迹，顶宽约3米，城墙砖经过烧制。环绕广州城兴建有8座卫星城镇。这些城镇规划设施更为完善：中、东城皆以官署为中心，中心街道布局呈丁字形，面积最大的西城为商业市舶区，街道呈现井字形；修通了城市供排水系统"六脉渠"，直至民国时期仍起着重要作用；延入城中的南濠、清水濠和内濠，兼有通航、排涝、防火功能；东郊辟鹿步滘，是番舶避风港。广州城内建筑也很雄伟，中城城门双门被称为"规模宏壮，中州未见其比"[②]。潮州宋城主要经过三次修整，子城甃砖，外城甃石，外绕城濠，奠定了延至明清潮州府城的基本格局。肇庆古城也在宋时奠定基本格局。宋代，除了修治各县旧治，还增筑了香山、乳源、英德、高要、新兴、德庆、阳江、化州、梅州诸城。元初虽有拆城之举，江山甫定，朝廷即下令修复了广州城隍，整治

① （清）梁廷枏：《南汉书》卷三、卷六。
② 《永乐大典·广州府》。

城池，架设桥梁。在潮州，也修复临江城墙，谓之"堤城"。

交通设施方面，整治水陆交通，使广韶路北段、闽南经潮惠至广州的水陆运输得以沟通。更普遍更艰巨的工程是建桥，宋代修建大型桥梁较多的是雷州（18座）、潮州（13座）和广州（7座）。地当闽粤交通要冲的潮州广济桥，从南宋乾道年间即开始建桥，直到明宣德年间才算基本建成，是长180丈的石梁、浮桥混合结构桥，是世界上最早的开合桥。

水利工程方面，珠江、韩江中下游及沿海地带筑堤围垦的勃兴，为安置更多人口、促进农业生产发展创造了条件。雷州万顷洋田灌溉工程、潮州三利溪水利工程，都是在这一背景下的产物。惠州西湖、循州赘湖、南雄州连凌二陂、新州张侯陂等，都是官修水利工程。民办陂塘如高要罗岸堤、鹤山泽沛陂等，规模虽小而数量颇多。

宋元岭南建筑整体水平提高，有的个体达到当时的先进水平。广州城西地势低平，取土不易，北宋熙宁年间终于建成西城。宋元时期还建了一批巨石垒墩的梁桥，茅以升记述潮州广济桥桥墩，"石块与石块之间不用灰浆，但凿有卯榫，使相契合，然都庞大异常，闻所未闻"[1]。潮阳和平桥为巨石梁桥，桥基以松木叠作井字形台基，再在基上叠石为墩，做法近似于至今不过百余年的现代桥梁工程中的"筏形基础"。岭南气候湿热，加之天灾人祸，使岭南的宋元木构殿堂遗构如凤毛麟角。现存最早的宋构建筑，有肇庆梅庵大殿、广州光孝寺大雄宝殿以及保留了宋代民居格局的潮州许驸马府，元构建筑有德庆学官大成殿。

中国砖石塔建筑在宋代达到顶峰，岭南同样如是。南雄三影塔、广州净慧寺塔（今称六榕花塔）均采用了相当先进的穿壁绕平座式结构。净慧寺塔富有岭南地方色彩，影响深远，粤地将这类装饰华丽、色彩鲜艳的宝塔称为花塔，这种花塔，不同于北方那种将塔身饰成花束的花塔。通高67米的六榕花塔，一直是广州城内最高的古代高层建筑。饶平

---

[1] 茅以升：《介绍五座古桥》，《文物》1973年第1期。

潮州许驸马府大门

柘林镇风塔，比例匀称，各层设石栏杆，历600余年仍完整无缺，工艺高超。

宋元时期，民居建筑开始出现鲜明的地方特色。现存始建于元初的兴宁东升围，是早期的九厅十八井大型客家围龙屋；潮州许驸马府是大型潮州民居"四马拖车"之早期实物。广府建筑装饰常用的陶塑、灰塑，潮州建筑材料普遍采用的贝灰，均在此时开始使用推广。宋元时期雕塑工艺水平有很大提高。广州光孝寺大殿后望柱柱头石狮，为南宋遗构，雄健威严。南雄博物馆门前现存一对红砂岩宋代石狮，其样式流传至今。元代南雄珠玑巷石塔上的浮雕佛像，造型简练而神态生动，有交谈者、有挖耳者，充满生活气息。

这一时期，造园技术也有很大进步。名园有北宋惠州李氏山园、潮阳岁寒堂、广州西园，南宋揭阳彭园等。潮州西湖、惠州西湖等山水园林，都是在兴修水利同时整治环境的结果，比唐代连山海阳湖更有意义。桥亭廊榭配置也更加错落有致。

南雄珠玑巷元代石塔及细部

综上所述，宋元时期广东建筑取得了辉煌成就，体现了岭南地区在这一时期全面开发，开始建立起与岭北建筑文化既有联系又有区别的有地域特色的建筑文化体系。

6. 明与清前期

鸦片战争以前的明清时期，岭南建筑文化形成具有鲜明地方特色的体系。建筑种类扩展，建筑布局趋向大型组群，建筑装饰达到高超水平。

明清时期城市建设连续不断。各州县相继兴建或扩建砖城，兴建宏伟壮观的景观建筑，诸如广州的镇海楼、岭南第一楼，潮州的广济门城楼等。城市防洪、排水系统也进一步完善。

各类宗教建筑、坛庙在明清时期大量出现。兴建了广州海幢寺、肇庆庆云寺等一大批寺庙，关庙、天后庙、城隍庙、真武帝君庙等遍及岭

潮州明代建广济门城楼

南。地方性神祇三山国王、龙母、金花娘娘等的庙宇也越建越多，建成了佛山祖庙、悦城龙母庙、广州仁威庙、三水芦苞祖庙等堂皇富丽的庙堂。佛塔演化为风水塔，精致不及宋塔，数量却大为增加，以粤中、粤西花塔类楼阁式砖塔，粤东砖石混构塔，珠江三角洲文塔为主，构成岭南古塔特有风格。

这一时期，三大民系形成了各自的民居建筑体系特色。

私家园林吸收了江南园林优点，突出地方特色，与北方、江南园林鼎立并提。岭南园林中，又以珠江三角洲和韩江三角洲的园林为出色。其著名者，前者有广州的海山仙馆以及粤中四大名园（顺德清晖园、番禺余荫山房、佛山梁园、东莞可园）；后者有潮阳西园、澄海西塘等。以亭台楼阁廊榭为点缀的山水园林也兴盛于此时。

为抵御海盗倭寇之侵扰，加强海防戍边和镇压沿海反抗斗争，大举修筑"宅中而制外"的卫所城，炮台、烽燧等军事工程形成网络。

兴筑石桥技术进一步提高，各地构筑了一批精美坚固的石桥，明代潮州广济桥终于建成。宗祠、书院、学宫、会馆、府邸等大型建筑组群在各地陆续兴建，集地方建筑装饰工艺之大成，广州陈家祠为其杰出代表。

岭南建筑的主要特点，在这一时期已大部分具备。一是在建筑风格上，形成介于中原凝重华丽与江南飘逸轻巧之间的建筑风格。二是建筑技术上，砖木建筑较多采用歇山顶、硬山顶，穿斗式或穿斗抬梁式混合结构为主，部分建筑保留了中原地区早期建筑手法；砖石建筑技术大量应用于城墙建筑，出现了一批建筑水平高超的砖石塔。三是在建筑装饰上，注重装饰屋顶、梁架、隔扇，大量采用精雕细刻的木雕、石雕、砖雕、灰塑、琉璃配件及采用嵌瓷、云母片、贝灰等地方特色很强的建筑装饰材料。四是在建筑结构上，多数具有外部围闭而内部通透散热的特征，以通风避雨的廊庑连接主要建筑，设计时注重防风、防洪、防潮、防雷、防腐、防火。五是在建筑布局上，因地制宜，形制多样，利用岭南花木融入自然氛围，出现不少大型居宅和建筑组群，显示雄厚的经济实力和很强的建筑能力。六是在建筑种类上，门类增加，桥梁、园宅、

廊庑通风避雨是岭南公共建筑的重要特点

祠堂、庙宇以及书院、会馆等分布甚广，卫所、炮台、烽燧等军事工程大量修筑，反映岭南的军事战略地位和军事活动的频繁。

7. 晚清民国时期

从晚清到民国时期，传统形式的建筑仍有所修建，但结构、装饰趋向简化。西方建筑风格开始传入并出现中西合璧的建筑风格。

据黄佐《广东通志》称，葡人于明正德十二年（1517）驾大舶率至广州进贡请封，其后"退旧东莞南头径自盖房树栅，恃火铳以自固"。所造房屋后为官府尽行拆毁。明万历年间，葡萄牙殖民者租占澳门，在澳门建立起教堂、宅居、城垣和炮台，是文献明确记载最早在中国领土上建起的西方建筑。明清时期，粤海关在很长一段时间是唯一与西洋通商的口岸，广州因此较早受到外来文化的影响，出现了西式建筑十三夷馆，并用欧洲人物形象、罗马字钟、大理石柱作为建筑装饰，采用套色玻璃等进口材料。鸦片战争后，又有汕头开埠，广州沙面、香港、广州湾（今湛江）被租借或割占。西方文化加大传入势头，直至清末，在岭南兴建了一批西式建筑，有教会兴建的教堂及附属的医院、学校、育婴堂、修道院等。广州石室是远东最大的哥特式石构教堂，此外，还有外国人居住的领事馆、别墅，还有海关和银行、商行等金融、贸易机构。清末，随着近代交通发展，建有火车站、汽车站及码头等。在口岸城市和侨乡，出现了一批中西合璧的民居、宅园、茶楼建筑，开始采用混凝土、钢材等建筑材料和近代建筑技术。光绪三十一年（1905）建成的岭南大学马丁堂，是中国最早采用砖石、钢筋混凝土结构的建筑物之一。城市开始出现五层以上新式高层建筑。

民初，兴起大规模拆城墙建马路热潮，迅速形成以骑楼为主要特征的街市；开辟公园、戏院等公共场所，令城镇面貌有大变化；建成高层商业楼宇、钢桁材料的桥梁，显示建筑技术向近代化发展。在广州，1922年建成岭南第一座混凝土结构高层建筑大新公司，1937年建成岭南第一座钢框架高层建筑爱群大酒店。这一时期还修筑了一大批包括烈士陵园、纪念堂、纪念碑在内的纪念建筑物和教堂、学校、医院、体育馆等宗教、文化建筑。1929—1936年，陈济棠主政广东时期，建筑业得到较快发展。工业方面，兴办了包括士敏土厂、糖厂在内的一批近代企业；商业方面，在广州建设惠爱路（今中山五、六路）、上下九路、西濠口等商业区，兴建、扩建了一批旅馆、酒家、茶楼、商店、戏院，增设商业网点；市政建设方面，在广州修筑26条马路，至1936年达134公里，建成海珠桥、西堤码头等一批桥梁及过江轮渡码头和至香港的客舱码头；建成中山纪念碑、中山纪念堂、广州市政府大楼等一批大型公共建筑物；鼓励华侨投资兴建爱群大酒店等高层建筑和东山西式住宅区；在沙河等处建住宅一批，在各县普遍设立平民医院、救济院和习艺所等；加强国立中山大学、私立岭南大学等10所高校建设，并创办多所高等、专科学校；全省修筑公路4000多公里，居全国各省之冠，以广州为中心，陆续建成纵横省内的17条公路干线、326条支线，并建成兴筑多年的粤汉铁路。

这一时期的建筑，处于剧烈演变阶段，大致可分为三大类。

一是西式建筑。进入20世纪后，在大中城市中出现行政、会堂、金

20世纪30年代形成的汕头小公园建筑群

新古典主义风格的嘉南堂南楼（今新华大酒店）

融、交通、文化、教育、医疗、商业、服务行业、娱乐业等各种公共建筑的新类型。诸如银行、领事馆、海关、百货大楼、大酒店、图书馆、博物馆、火车站、邮电局等，广州的沙面、长堤一带最为集中，呈现出西方不同国家不同时期的风格。广东各地有湛江、江门、台山、开平等处的西式建筑，还有采用现代建筑材料建成的开合式钢桁桥广州海珠桥、开平合山铁桥、广州越秀山钢制球形水塔等。

二是民族固有形式建筑。为了面向中国人传教，教会建筑采用了中西合璧形式，突出了中国传统建筑大屋顶及建筑装饰手法。以吕彦直、杨锡宗、林克明为代表的中国建筑设计大师，探索民族形式与新的建筑材料、建筑功能的结合设计，代表性建筑有中山纪念堂、市府合署大楼、岭南大学马丁堂、中山图书馆北馆、广州东征阵亡烈士墓门坊。

三是传统建筑。传统建筑在岭南的许多地方仍有修建，例如，兴筑宗祠、庙宗、桥梁，仍沿袭传统形制，采用传统的工艺技术。当然，也不是一成不变，如有的雨亭、梁桥，就采用了混凝土与砖石混合结构，在局部装饰上，有的采用了西方装饰。

这一时期的建筑有如下突出特点：

其一，反映了激烈变动的时代。处于近代时代嬗变中心地带之岭南，建筑形式、建筑风格突破了我国封建社会后期建筑总体演变缓慢的状态，跳出了木构架建筑体系的框框，留下近代化步伐的烙印。千百年来历代封建统治者不遗余力修筑的城垣，在民初几乎尽夷为平地，更加反映出历史剧变。

其二，反映了岭南文化吸纳外来文化的开放性。吸收西方建筑形制、装饰工艺技术，使得中西合璧风格建筑，常见于都会，也遍及乡镇。纽约斯道顿建筑师事务所、长老会建筑师事务所，以及英国建筑师戴维德·迪克、美国建筑师查尔斯伯捷、亨利·墨菲、埃德蒙兹，澳大利亚建筑师帕内等在岭南近代建筑的发展历程中发挥了重要作用。民间建筑也有所创造。一些侨屋、侨园乃至华侨捐建的图书馆、博物馆，是按华侨从侨居国带回的图纸施工，带动了侨乡建筑风貌的改观。江门四邑特别集中在开平、恩平、台山一带林立的碉楼，是令人注目的侨乡风景线。传统的客家围龙屋也出现了以西洋建筑为面的前西后中样式，如梅县联芳楼、万秋楼。德庆悦城龙母庙前牌坊直棂石栏杆两侧拱门，有明显西方建筑风格。澄海隆都黄利家族大型宅园，中式院落环以双层洋楼，院内有楼身西式楼顶中式的小姐楼、外西内中的三庐别墅，采用西方柱头饰样。

其三，反映了岭南建筑植根于本土的地方特性。扩建或新建的市镇马路、商业街道两旁的建筑，普遍采用骑楼式建筑。广州于20世纪20—30年代兴起的骑楼，逐步成为广州街市建筑的主格局。这种下为空廊支柱、上为起居室的房屋模式起源有多种说法，可视为岭南本土干栏式建筑的一种衍生形式，因其遮阳、避雨功能方便城镇商业活动而得到推广。骑楼柱式、门面装饰，则颇受西方建筑影响。岭南建筑技艺在兴建近代建筑中仍得到发展。修建广州石室教堂时，因聘请揭西工匠蔡孝为总管工，工程得以顺利进行起来，采用土法施工建成的巍峨雄伟的

广州上下九路骑楼街

中国最大的哥特式石构建筑广州石室教堂

石室教堂十分坚固。晚清，已有岭南人接受西方建筑技术知识，开始自行设计施工。新会人林护少时赴澳大利亚谋生，工余入夜校学建筑工程知识，回到香港创办建筑业，先后承建了广州沙面万国银行、汕头海关大楼、梧州中山纪念堂、南京中山马路等许多工程。出国留学的中国建筑师学成归来，热情地投入中国固有建筑形式的创造活动，杰出代表有杨锡宗、林克明、陈荣枝、龙庆忠、夏昌世、陈伯齐、罗明燏等。

20世纪30年代后期至此后十余年间，由于战事频繁，无暇顾及建设，建设事业处于停滞状态，更未有杰出的建筑物面世。不过，综观清末、民国时期的建筑发展，留下一批显示这一时期成就的建筑范例，为现代中国建筑的发展起了承前启后的重要作用。

8. 中华人民共和国时期

中华人民共和国成立以后，岭南建筑有着令人注目的成就和亮点，建筑界出现了京、沪、粤三大派（或称"京派""海派""广派"）的说法。岭南建筑的发展，大体分为两个时段：一是新中国成立至"文化

华南土特产展览交流大会场馆正门

华南土特产展览交流大会场馆

大革命"时期；一是改革开放时期以来。

新中国成立之初，紧接在医治战争创伤之后，各行各业出现朝气蓬勃的向上景象，大规模的工业建设和文化教育事业的发展，为建筑业发展提供了一个契机，广东城乡出现许多新建筑。如在广州，重建海珠桥、西堤、黄沙三大灾区，仅用8个月时间就将国民党撤退时炸毁的海珠桥修通，将桥头烂地辟成近3万平方米大广场；将炸成废墟的黄沙建成广州铁路南站、黄沙码头和仓库；将炸成瓦砾的西堤，清场建成有12个展馆的华南土特产交流会建筑群（今文化公园）。正是这批现代主义风格的建筑，熏陶了不少后辈岭南建筑师，影响了他们的建筑设计风格的形成。

大型工厂及生活配套设施，包括教育、文化、医疗卫生、会展场所和商业用途的大型公共建筑、大型交通设施的建成，对采用现代新工艺、新材料、新技术起了极大推进作用。全省各地城乡建成一批地标式的影剧院、大会堂、展览馆、文化馆、医院、学校、接待宾馆。特别要提到的是，广州建筑业的发展与从1957年正式开始的一年两届的广交会密不可分，一直持续不断地增建外贸商品展馆、酒家、宾馆，包括先后扩建岭南传统园林风格的北园酒家、泮溪酒家、南园酒家等。引人注目的是在"文化大革命"期间建成了创全国最高建筑物纪录的板式结构的广州宾馆、白云宾馆。改革开放之初建成的白天鹅宾馆，是第一座由我国自行设计、建造和管理的五星级旅游宾馆。中国大酒店、花园酒店相继落成，引领了全国宾馆建设的新潮流。

改革开放以后，日新月异的城乡现代化建设，为建筑业发展提供了广阔的空间，建筑业不断跃上采用新工艺、新技术、新材料的新台阶。人员主要来自农村的建筑大军在生产实践中得到了磨炼，施工技术水平也不断提高，走上了国际舞台。改革开放时期的岭南建筑，出现了热火朝天的蓬勃景象，其成就大体表现在以下几个方面：

一是基础设施方面。除了大型公共设施，各地都以建设地标性建筑物为重点。广州的广州宾馆、白云宾馆、广东国际大酒店、中天广场，不断刷新建筑高度纪录，而深圳急起直追，几次超越。进入新世纪，高72层的深圳赛格大厦创下每2.7天建成一层的新纪录。高69层的地王大厦，建成时是亚洲第一高楼，全国第一座钢结构高层建筑。高103层的

高楼林立的广州珠江新城

壮观的港珠澳大桥

广州国际金融中心跨越400米高度，2009年建成的广州塔高度跨越600米。118层的深圳平安国际金融中心，建筑核心筒结构高度592.5米。被誉为广州"城市客厅"的广州花城广场，总规划占地面积约56万平方米，种植了超过600棵大树和古树，周边建有39幢建筑，其中包括广州图书馆新馆、广州大剧院、广东省博物馆新馆、广州国际金融中心等。广州的十大最高建筑中有五幢耸立这一带。

二是路桥建设出现突飞猛进发展势头。立交桥、高架路、高速公路、地铁、跨江大桥、过江隧道的建设，总量名列全国前茅，在采用先进工程技术方面也不断刷新全国工程建设纪录。广州城区一带的珠江河面上，就从原来只有海珠一桥变成20多座跨江大桥和两条过江隧道。连接港珠澳的超大型跨海通道港珠澳大桥桥隧全长55千米，其中主桥29.6千米，香港口岸至珠澳口岸41.6千米，壮观的景象被英国《卫报》誉为"新世界七大奇迹"。

三是配合旧城改造、乡镇城市化、城中村改造、开发区建设等需求，大力发展房地产业，房屋建设空前发展。居民家庭式样呈现多样化，室内装饰也有很大进步，同时还有绿色低碳的环保要求。建筑材料、建筑技术、建筑工艺、建筑创意都有相应表现。

　　园林建筑方面，改革开放以前，广东城市公共园林的建设有所发展。在人工造景的公园中，广州兰圃集中了岭南园林精华。20世纪五六十年代，广州园林酒家得到复兴。在白云山依山而建的山庄旅舍、双溪别墅，是结合传统造园艺术，探索现代公园发展途径的成功范例。70年代是酒家园林发展期，因接待外宾而恢复扩大、兴建了一批园林式酒家茶楼，如泮溪酒家。80年代，园林酒家茶楼与宾馆相结合，如广州白天鹅宾馆、花园宾馆、东方宾馆、白云宾馆，深圳竹园宾馆、东湖宾馆、石岩湖度假村、西丽湖度假村，珠海石景山庄，中山温泉宾馆都展示了庭院园林魅力。1983年，样板小庭园芳华园参加慕尼黑国际园艺展览，获得德意志联邦共和国大金奖和联邦园艺建设中央联合会金奖。粤秀园参加2000年在日本举办的淡路花博会展出，以岭南水乡庭院为基调，体现广东民间建筑质朴、温馨风格，获得本次最高奖项15项奖牌。深圳锦绣中华、中国民俗文化村、世界之窗和珠海圆明新园，成为全国

东莞粤晖园

闻名的旅游胜地。后起之秀有东莞粤晖园、番禺宝墨园等现代建设的传统园林。

综上所述，岭南建筑在新中国成立以来，特别是改革开放以来的新时期，出现了现代化的巨变，彰显了岭南建筑开放、务实、善变的风格特征。另一方面，全国各地出现竞相追求造型新潮和不计成本地采用高档华贵的新材料的情况，"千城一面"的风气，湮没了地方特色；同时又出现了"标新立异"的风气，各地地标建筑多是世界名师所作。这些情况在岭南同样有所表现，这种风气使得岭南建筑的优良传统和地方特色受到一定的冲击。这也是我们今天大力呼吁提倡挖掘岭南建筑文化精华，继承岭南建筑文化传统的原因。

二、建筑园林显特色

（一）风格特色

岭南文化的突出特征是开放、务实、善变，这个特征也体现在岭南建筑上。因开放而兼容接纳本土的、西方的建筑形式；因务实而将建筑的功用与经济性放在首位；因善变而不断接纳新风格、新技术，创新发展。岭南建筑具有适应实际环境灵活善变的特征，因此呈现出不同时期、不同地域的不同表现。从总体上说，既融汇了多元的文化因素，又受到岭南自然、经济、人文条件所制约，具有独特风格：

一是既保留古制，又融汇中西。岭南开发迟于中原等地，而古代民间工匠的建筑技术主要靠私授，因此岭北中原先进的建筑技术在岭南传播较迟。一些珍存的古建筑，在细部结构上至为难得地保留了前代的古制；一些迭经重修的古建筑，也因传承中恪守原制而较好地保留了古制。广州南海神庙现存建筑，大多为清代以后重建，前堂后寝，有两塾、仪门、复廊及东西廊庑，尚可考见唐代坛庙布局遗制。头门依周门堂制，复廊为春秋王制产物，为国内现存孤例。广州光孝寺大雄宝殿在

广州光孝寺大雄宝殿

潮州开元寺石柱上的圆形花瓣檐斗

清初面阔由五间扩大至七间。其副阶檐柱高度，柱直径与高之比，柱高与斗拱之比，乃至梭柱、侧脚、生起、举折等多项比例，以及屋面举折坡度平缓，出檐深达2.5米等形制特征，综合表现出南宋建筑风格。建于明洪武五年（1372）的佛山祖庙大殿，保留了《营造法式》宋式斗拱做法，举折按《营造法式》形成屋坡曲线。肇庆梅庵始建于北宋初年，明清年间多次重修，大雄宝殿的结构形制仍有不少具有宋甚至宋以前古制之特征，与佛山祖庙后殿之斗拱一样采用了昂栓、拱栓，对建筑物防震、抗风以及木材经受干湿变化仍保持结构牢固起了重要作用，这是古制于岭南得存的原因。梅庵大殿斗拱之斗底皆刻皿板，可追溯到战国时期的古制。这种做法，北方宋代遗构中已不多见，而见于两广、福建的不少古建筑上，如潮州的许驸马府、猷巷黄府及开元寺大雄宝殿和天王殿。梅庵大殿之柱略呈梭形，不同于《营造法式》的刹柱之法，这种柱形也见于广州光孝寺大殿及五仙观。潮汕地区至清代仍存此制。潮州开元寺天王殿面阔十一开间，清代建筑中，此规格仅见于故宫太和殿及太庙。从进深与面阔之比，推测大殿平面为南北朝时期形制。天王殿正立面屋顶，中央高两侧低，中有大门，旁有小门，门房还有附属客房。这种平面布局和立面构图，保留了早期建筑手法，屋顶形式于四川德阳汉代画像砖中可以见到。天王殿北金柱在瓜楞石梭柱之上置十一叠铰打叠斗，斗拱高度近于柱高的一半。这种形式，有可能是古书所记载的㰍栌，即斗拱的原始形式。龙庆忠教授四次对天王殿实地考察，断定其至迟为宋代遗构，其平面布置、立面构图与梁架结构均保留了不少汉和南北朝时期的特点，为国内现存较少见之早期木构建筑。

岭南建筑又有融汇中西方的另一面。广州西汉墓中出土的陶俑坐灯，托灯之奴高鼻、凸眼、颔有须、遍体刻划长毛，这种胡俑，专家认为其原型属于西亚或东非的人种，是被贩运到中国成为贵家大族"家内奴隶"。胡俑在顺德、三水的东汉墓均有发现，是广州地区贸易日益频繁的反映。明清建筑上还将洋人形象作为托梁驼峰，作为托塔力士，甚至作为传统戏曲故事雕刻中的丑角。如佛山祖庙金漆木雕神龛、彩门雕刻历史故事场面，竟然雕刻了几个戴高礼帽、穿燕尾服的洋人，被打翻在地和跪拜献表，神案两侧刻有洋人形象的侏儒托瓶。清代广东民间建筑采用西方装饰手法和装饰材料，反映了中外交往的发展变化。

广州是长盛不衰的海上丝绸之路的起点。唐代中前期，都市执行着十分严格的封闭式的里坊制和两市制，然而岭南首府竟然允许蕃商列肆而市，城门洞开，提供自由贸易之便，进而影响到城内居民区的商业化和临街设店的城市布局，可谓得城市商业化的风气之先。从开元初年起百余年间，官府不断有"列邸肆""为开大衢、疏析廛闬""修伍列、群康庄"之举措，形成店肆行铺林立，邸店柜坊等服务设施完善的新局面，甚至出现了其他城市所未见的"蛮声喧夜市"[①]的场面。城市建筑中引人注目的是蕃坊的异域建筑。现存怀圣寺光塔，不少专家倾向于其建于初唐贞观元年（627）之说。现今国际流行的说法，世界上现存阿

---

① （唐）张籍：《送郑尚书出镇南海》。

广州怀圣寺光塔及进塔楼梯

拉伯寺院建筑以叙利亚的粤玛亚大清真寺为早，寺内最早的呼礼塔"新娘塔"，始建时间比贞观元年约迟80年。因此，光塔在世界伊斯兰教建筑史上有着重要意义。另外，广州响坟，也是早期伊斯兰教建筑遗制。

明末，在澳门出现了葡萄牙人建的欧式教堂和居宅。之后，广州出现十三行商夷馆，俗称洋馆，这是最早在中国内地出现的一批西洋楼。清代，鸦片战争以后，在广州长堤及西堤一带，集中出现了商业、金融、海关、邮局等西式大型公共建筑，采用了钢筋混凝土或工字钢建筑材料。沙面租界集中了数以百计的各类西方建筑，其形式有新古典式、券廊式、仿哥特式等；在广州市内其他地方，出现教堂等建筑，其中有远东最大的石构哥特式教堂石室教堂，此外还有教会学校和医院、洋式别墅。它们的出现影响到官方建筑（如清广东咨议局大楼）、民间居宅、工厂（如曾成为大元帅府的士敏土厂办公楼）的建筑风格。在法租界广州湾、开埠城市汕头，也出现了西式建筑，各地有外国传教士兴建的一批教堂及附属建筑。在侨乡，华侨回乡建屋，有侨居国建筑风格，四邑侨居碉楼风格各异，称得上是"万国建筑博览会"。

岭南近代建筑更多表现出中西合璧的特征。梅县联芳楼正面为西方古典主义风格，万秋楼正面为双柱式三角门楣，后部都是传统的客家围屋。澄海陈慈黉宅第，门窗饰件有潮汕嵌瓷又有石膏塑件，并专门从西欧、上海等处定做了大量的"红毛瓷砖""红毛玻璃"。清代粤东私家园林，在师法江南园林小巧玲珑，善于叠山理水的同时，也吸取了不少西方建筑形式。潮阳西园居住部分为两层混凝土楼房，楼梯以天顶采光，正面置多立克叠柱和瓷瓶式栏杆，假山中设螺旋梯上至洋式凉亭，下连水池中的水晶宫，透过玻璃窗可仰望园景。清代广州富商园林，也采用了西方装饰。《法兰西公报》1860年登载寄自广州的信，记述法国人参观广州某富商宅园，地板是大理石的，房子里也装饰着大理石的圆柱，极高大的镜子、名贵的木料做的家具漆着日本油漆，天鹅绒或丝质的地毯装点着房间，镶着宝石的枝形吊灯从天花板上垂下来。清末民

潮阳西园

初开始流行于岭南城镇的骑楼建筑，柱式和临街一面引进了西方的券廊和柱式，被称为洋式店面。不拘一格的中西拼合的装饰手法，诸如套色玻璃、卷铁窗花、瓶式栏杆、拱形门窗、几何形水池，在岭南城镇风靡一时，成为近代广东建筑不可或缺的组成部分。

二是既有地域共性，又各呈异彩。封建社会中期以前，岭南建筑较多受到中原文化、楚文化的渗透，后期较多受到江南文化的影响，粤东一带还较多受到闽、赣文化的浸润，同时逐渐形成自身风格特色，既区别于中原和北方建筑的凝重鲜艳，又区别于江南建筑之秀逸清纯，总体来说，岭南建筑是轻巧通透。所谓轻巧，一是体量较小，普遍不及中原或江南建筑宏敞高大，例如在广东高度居前列的广州六榕花塔，比同时代的河北料敌塔、江苏北寺塔低矮；二是一般来说外表不如北方建筑之威严，也不及江南建筑之俊逸。此外，无论是屋顶的曲线、檐角的举翘、门面的布局、颜色的涂饰，都可以感受到岭南建筑的特色。以颜色为例，北方之古建筑一般上下均着重彩，金碧辉煌，显得雍容华贵，江南建筑喜用素色黑色，寺墙则大面积涂以黄色，颜色清纯，与水乡环境十分协调。岭南建筑色调较为灰浊，常在屋脊、檐下、墙头、梁架等重点部位上加强装饰，而这些装饰件往往同建筑构件的实际功能有关。在珠江三角洲地区，建筑通常是灰麻石勒脚、灰青砖墙面、灰瓦屋面，只有屋脊和山墙才饰以较鲜艳夺目的灰塑、陶塑。在屋檐与屋面交界处常施以丰富的立面变化，表现建筑造型的节奏和韵律感。所谓通透，是指建筑从整体上注意通风透气，既有利于建筑材料的防潮防虫，延长寿命，更着眼于长夏无冬的气候条件下，居住活动舒适凉快。岭南建筑注重从整体环境设计来达到降温效应。为使空气流通，采用前低后高、巷里对直来兜风入室，即所谓"露白"，以此加强通风采光。在祠堂、居宅向大型化发展的情况下，竖向各路建筑之间以青云巷相隔，既通风、防火，又方便出入。横向各进之间，不隔以围墙，而是通过厅堂上的屏风隔扇，达到形式上分隔面空间通风透气，照壁、砖砌窗花也都做成通雕以利空气对流。有的厅堂门口采用通雕门罩，厅内设挂落、落地罩、

岭南古建筑的通雕门罩

博古罩等来分隔空间范围，达到分而不隔。木构建筑很少吊天花，多采用彻上露明造，让建筑上部通风透气，木材尽量外露，有利于防白蚁、防腐，且有尽可能大的空间。与北方相比，庭院规模显得窄小紧凑，有的还做成很高的风火山墙，既防火，也减少日光照射，降低室内的温度。庭院内厅多为敞厅，门窗多朝向天井，普通人家天井也有花台、水池或花木、莲缸，四季常青，静谧幽静，更有利于降温调节气候。

岭南各地建筑异彩纷呈，各地民居各有特征：粤中一带流行三间两廊，以此为基本单位并联扩大为多进多路大型院落。客家民居以围楼大屋、五凤楼闻名于世；潮汕民居则有"下山虎""四点金""四马拖车"，规模可大可小；还有壮族、瑶族楼居。同时，岭南建筑形式多样而具共性，即使外部极端封闭的客家围屋，其内部也是相通通敞的。普通民居最基本的结构，广府民居三间两廊、潮汕民居"下山虎"、客家民居锁头屋和围屋标准式的三堂二横，平面布局其实都是三合院，只不过大门开法不同：锁头屋、三间两廊开在侧面，"下山虎"开在正面。这种三合院民居模式，至迟在汉代就已经形成，而最终被普遍采用，当与其实用，既封闭又通透有关。将大院落分成很多小的院子，可以减少曝晒，争取更多的遮阴面，房间与院落之间有更紧密联系，也适于人口密集宜耕地少的环境，在气候炎热、生活空间狭窄中能求得安静与阴凉。

因地制宜地利用地形进行建筑，还必须提到粤东一带的岩洞建筑。潮汕地区山丘花岗岩露出区域甚广，巨石叠成大大小小的天然岩洞，略加穿凿或附建配体建筑，便形成别具一格的岩寺、石室书院等。以岩为寺，最早有唐大历年间惠照栖居的潮阳西山海潮岩，贞元年间拓建的白牛岩、乌岩、宝峰岩洞等，也有宋代遗存的潮阳大北岩"玉龙宫"。潮汕地区最大的石窟寺岩洞是潮安桑浦山狮子岩甘露寺，岩下砌360余级石阶始抵寺门，岩洞面积700平方米，覆顶为一整块巨大的花岗岩石，窟内有宋元年间凿造的高2.55米的弥勒坐像。石室书院集中于桑浦山上，有中离、翁公、玉简书院遗址，皆建于明嘉靖年间。

珠江三角洲一带民居的门，一般采用脚门、趟栊和大门"三件头"。脚门是约一人高的对开折门，上部木雕通花；趟栊是水平方向走动的栅栏式拉门，后部装有竖插销和小铜铃；大门是两扇对开的厚板

潮安桑浦山翁公书院

门，日间打开，晚间关闭。"三件头"大门既保持了居室隐秘，又利于通风透气，既可观察门外，又有较好的防卫功能，还具有较高的艺术价值。这是岭南建筑求实、通透的典型实例。潮汕传统民居大门有"二件头"，槅扇木门（俗称猫窗门）和厚板门，同样起到保护隐私、通风透气的作用。共性与个性的统一，还可以脊饰为例。岭南传统大型建筑，不论庙宇、祠堂，还是民居，都很强调脊饰艺术造型作用。共同之处是脊饰较高，色彩鲜艳、精雕细刻、图案复杂，但装饰手法与题材因地区而异。在珠江三角洲流域，正脊喜用双龙戏珠居中，两端鳌鱼相对，山墙喜用特别高大的镬耳风火山墙，装饰工艺喜用陶塑、灰塑。韩江三角洲流域喜将脊端做成状如凤尾的卷草纹，山墙不很高大，这与潮汕一带台风较厉害有关，但式样讲究，手法特别丰富，有金、木、水、火、土以及派生出的几种形式，装饰工艺则采用特有的嵌瓷，经历风吹雨淋日晒，鲜艳如新。

正是岭南地区建筑文化的共性与各地的个性，反映出岭南文化的整体特征及其构成的多元化特征，让人们得以从观赏岭南建筑中，领略岭南文化千姿百态的丰富内涵。

三是讲究风水，突出亲水。风水之学，起源于中原一带，宋代以后，传入并活跃于江南、岭南地域。岭南地势复杂，气候湿热，人易得病，古越巫文化盛行，加上商品经济活跃，机遇多、风险也大，种种主客观因素，使得风水堪舆之学大行其道，岭南建筑尤重于此。风水之学在迷信色彩的笼罩之下，有其适应自然环境的一面，与思想观念、审美意识也有密切关系。

风水之学讲究建筑选址要"藏风得水"，实际上就是慎重考虑建筑外部自然环境的选择，而后又发展为人为创造理想的小环境。东汉仲长统《乐志论》描绘时人的理想宅园是："使居有良田广宅，背山临流，沟池环市，竹木周布，场圃筑前，果园树后。"客家围龙大屋是这种理想宅园的体现。围龙屋主体为平面方形或长方形的居屋，以单组或多组三堂二横式屋构成。围屋常常面向溪流背依山坡而建，屋后的山坡俗

客家围龙屋

称屋背头或屋背伸手，与屋前的池塘一样加以保护。居宅前为长方形的
禾坪，再前是一口半圆形池塘。居宅后部，有的以后包堂屋连接左、右
横屋，形成∩形围龙。屋后着意造成半圆形的风水林或果树园，由此而
形成前水池后山林的居住环境。客家居宅选择屋基地势，通常有所谓
"龙""局""水"三字："龙"指山形总脉络，主人丁兴旺；"局"
指支脉围护，湾环回托，主功名显赫；"水"指水势回环，最好是逆大
江，主财源涌现。万变不离其宗，还是"背山临流"的模式。在民居密
集，无法充分实现背山临流的理想模式时，一样可以讲究风水。广州的
西关大屋，天井多为方形，特别是官厅、轿厅和正厅之间的天井更强调
方正。天井和厨房地面的去水孔，常见雕凿成金钱形状，即与信奉"水
为财"有关，同时有隔栅的功能。客家大屋天井中间凿有石槽以汇集四
面屋顶泻下的雨水，本来是一种排水设施，却称之为"四面来水"，与
西关大屋的去水孔在寓意上有异曲同工之妙。西关大屋后墙一般不开
窗，为的是挡住北风和避免视线受干扰，称为防"散气""漏财"。对
于大的聚居点，如村寨、城镇，视其具体位置和周围地势、风向，讲究
要复杂得多，运用八卦、五行，有种种解释。潮州古城布局严整有序，
经纬分明，也有风水之讲究。东片临江商业区，属"财"；西片手工作
坊集聚，如打铁巷、打银街、裱画街等，工匠多为男人，属"丁"；南

片为豪富宅园，今尚存于猷巷、灶巷、义井巷、兴宁巷、甲第巷，属"富"；北片为衙署府第、学官所在，属"贵"。"财、丁、富、贵"各居一方，形成动静分明、功能齐全的城市区划。翁源江尾镇现存建于明代的葸茅八卦围屋，由74条街巷和1000多间房屋组成八卦图形，设有乾、坤、巽、兑四门，象征天、地、风、泽，昭示风调雨顺。

　　阴阳五行之说，也体现在岭南建筑的装饰上。潮汕民居的山墙分作金、木、水、火、土等五大类，又派生出古木、大北水、大土、火星等几种形式。木格扇门上也有八卦图案的木雕装饰。岭南建筑山墙檐边的装饰，常是黑色为底的水草、草龙图纹，俗谓之"扫乌烟，画草尾"。黑在五行中代表水，为玄武，居北方，水草、草龙纹饰及尚黑的装饰手法，与水网纵横、滨临江海的岭南生活环境有关。还有人认为西江沿岸传统建筑的屋脊装饰夔纹，俗称博古，是从商周的夔龙纹抽象变化而来的。这也是五行之中南方尚水的一种建筑语汇，赋予建筑物深远的文化渊源。粤中的镬耳山墙，高高耸起，又称鳌耳屋。鳌鱼为珠江三角洲流域建筑常用的脊饰，以鳌鱼为饰与西江沿岸的亲水图腾崇拜是分不开

三水芦苞祖庙山墙

的，而后又转化为龙母信仰、龙图腾崇拜。鳌耳山墙、鳌鱼脊饰，同样可以视为一种亲水特性的建筑语汇。

明清时期岭南流行的风水之说，于建塔上可见一斑。广东现存明清古塔，风水塔占十分之九。入明以后科举极盛，贸易繁荣，为祈求文运财运，几乎各县都竭财力建风水塔，少则一座，多至十来座。建塔目的不一：一固地脉，广州建有赤岗、琶洲、莲花三塔，风水家的说法，是"补岭南地最卑下，乃山水大尽之处，其东水口空虚，灵气不属，法宜以人力补之，补之莫如塔"①云云；二祈文运，如雷州的三元塔兆"三元及第"意头；三镇风水，如潮州凤凰塔、宝安龙津石塔、饶平镇风塔；四求发财，如中山阜峰文塔，即为聚财而建。风水塔的建立，在精神上有一种激励作用，有的还兼有导航、镇固堤岸的实际功能。

岭南建筑文化中透射出居民在特定的自然环境中追求美好生活的愿望，以及在生活环境中长期养成的敬畏自然的心理素质。

（二）技术特色

岭南古建筑建构技术具有中国古建筑的基本特征，例如以木构架大屋顶为主要的结构方式，按照一定的组织规律组群布局。但也因受到当地自然条件、经济水平、生活习俗制约，而有鲜明的地方特色，尤其强调通风透气避雨，集中采用了防潮、防湿、防洪、防雷、防腐、防虫害等技术措施。

一是结构方式。中国古建筑木构架体系中，主要有抬梁、穿斗、井干等结构方式，抬梁式木构架使用范围最广。在岭南却普遍采用穿斗式，也有一些大中型堂屋采用两端山面穿斗式，中央诸间抬梁式的混合结构法。穿斗式结构较抬梁式结构简单，柱和穿可以用较小的材料，结构接近岭南早期干栏式建筑，在岭南至迟在汉代已经相当成熟并流传下

---

① （清）屈大均：《广东新语》卷十九。

来。另一方面，传统建筑以斗拱结构显示建筑的等级地位，穿斗式结构却无法体现，因此，在官殿、寺庙及一些高级建筑上，又在中央诸间采用抬梁式，两端仍保留穿斗式。个别规格高，始建年代早的建筑，如广州光孝寺大殿、肇庆梅庵祖师殿，才全部采用抬梁式结构。岭南传统的木构架多用于祠堂庙宇，较多采用明间抬梁、次间穿斗，或内槽抬梁、外檐廊穿斗，结构灵活多变。到清代，除明间四柱用梁架外，其他多用砖墙代替梁架。混合式结构造就了宽敞的室内空间，又保持了源于本土的干栏、穿斗式结构刚性大、整体性强、抗风性能好的优点。这种结构最终形成，是南北建筑结构相融合而又适应本地自然条件的结果。

　　二是屋顶形制。从汉代陶屋明器可见当时屋顶已具备庑殿式、悬山式、硬山式、四角攒尖或圆顶攒尖式等形式，而且应用自如地进行组合，适应于曲尺式、三合式、城堡式等平面、立面变化的建筑，形成主次分明、错落有致的屋顶。在其后的发展中，岭南建筑较多采用硬山式和歇山式。采用硬山顶，因其比悬山顶抗风防火的性能好，且出檐不长、不易受雨淋腐烂。采用歇山顶的原因，一是等级的限制，地方不能

广州出土汉代陶屋明器

僭用至尊的庑殿顶，等级高的建筑只能采用歇山顶；二是地域气候的关系，早年的歇山顶不做山花板，山面透空，只有悬山的博风板，适于南方炎热气候。屋顶结构也有别出心裁之作。梅县灵光寺殿顶的螺旋式藻井，以千百块木料接榫垒成，下端八角形，渐收为圆锥体，高达数米，状若菠萝，造型极为美观，还有着特殊作用：前后树木近在咫尺，殿顶却落叶无存；殿内香烟被抽空而去，不会浓烟熏罩。民国初年，有粤东巧匠想揭开菠萝顶奥秘，将原构件逐一拆卸并做了记号，不料复原时却衔接不上，无奈只能辅以铁钉，而原结构不用寸铁，可见菠萝顶建筑技术之奇巧。

三是地基处理。沿海地区针对地势低下、地下水位高，采用了一些有地方特色的工艺技术。例如所谓广州秦"船台"遗址，有专家认为其实是南越王宫建筑之基础，即建筑学上称为地栿的构件。在广州德政中路盛唐建筑遗址、吉祥路宋六脉渠遗迹，也可以见到类似的木构架。南梁构筑的宝庄严寺舍利木塔，地基采用埋下梅花井桩式的九井环列。据广东省佛教协会基建办负责人相告，维修六榕花塔时，勘测塔下并未有夯土打桩的迹象，证实了六榕寺现存的北宋砖塔，是利用原来的井基重建的，重建后又屹立了近千年。以井桩解决地下水位高和台地地基不稳的难题建塔，显示了岭南建筑接受外来文化熏陶并结合本土实际的创造性发展。潮阳文光塔建于南宋咸淳年间，传说建成时略呈倾斜，塔的建造者在塔脚挖井，塔身居然慢慢回正。现塔下尚存八角井，可为此说佐证。这反映了古人已注意到地下水位对建筑物地基的直接影响并掌握了一定的技术。建于北宋宣和年间的潮阳和平桥，采用松木条叠成墩基，上砌石条为墩，这是浮筏式的地基作业。清代的番禺余荫山房，建筑基础采用沉箱式沙基，在主建筑的墙、柱下以陶制大缸排列装沙，然后加盖作基础。广州西关大屋，除少数打木桩者，大多采用天然基础，处理方法多样：原土夯完后，直接做砖砌放大脚；石块砌放大脚；黄泥浆结蚝壳扩大基础；砖墙脚下部埋放残次品瓦罉，罉内填满砂石作扩大基础用。这都是在西关是冲积平原且房屋密集不便打木桩这一前提下创造出来的技艺。东莞可园双清室地下设置通风管道，用人力摇风，并加香料，从出口送出阵阵凉爽香风，而地板砖缝之间，连头发也插不进去。

四是防风措施。除了以风水讲究建筑择址，注意方位高下之外，还多有创造。如雷州半岛为台风多发地，村落环植竹林，当地居民谓之"风水竹"。珠江、韩江三角洲平原上则采用低层数、高密度的建筑群布局，使单体连为整体，积小体量为大体量，提高了抗风能力。单体建筑如客家土围楼采用全屋一体的弧形结构，也大大减轻了风力的冲击。在台风多发地区，还通过实践不断提高木结构的整体结构刚度。从广州地区出土的汉代陶屋，可以看到当时的民居，在穿斗式木构件穿枋横贯的基础上，柱间常出现斜撑，增加地栿、门槛的高度，柱间作木框，木框中镶板为隔墙，都可以使结构获得良好的整体性而增强抗风效果。再就是降低民居高度，汕头妈屿风害严重，当地民居檐高一般仅2.3米左右。在建筑材料上，由于砖、石材较之木材对咸湿强劲的海风具有较强抗蚀性，石材比砖材又更为理想，因此，沿海建筑喜用石材构筑基础、墙身、柱、门框、窗楣等。此外，适当地减缓屋顶坡度（广东沿海民居

东莞可园

红砂岩石柱

屋顶高跨比，从汉陶屋至今，大致保持在1：4左右）；檐下设置封檐板以阻挡气流进入；屋面散布砖、石或在瓦上抹灰做成瓦垄以增加屋面重量与整体性；坚固门窗与设照壁、屏门、屏风等，都是防风防潮防腐蚀的有效措施。潮州"五间过"民居设置风头柱、外凹肚、内凹肚等阻挡构件，减弱斜向而来的风力；控制平面阔深比小于2：1，相对增强结构的横向抗风抗震能力，当山墙的高度或面阔过长时，采取特殊措施以加强其稳定性。广州越秀山颠的镇海楼，三面包以厚实墙体为构架。潮州广济门城楼在台风将至之前，拆下门窗扇以尽量减少受风面积。这些综合措施，使得建筑物在特大风、震之中能够以内刚维持自身。东莞可园四层高的邀山楼，顶层瓦面是由立于石墩上的十根杉木木柱所支撑，并无一钉一铁和其他焊接，经百余年来风雨、地震而安然无恙，被称为"定风楼"。

五是防洪水利措施。岭南多雨，河网纵横，地近海澳，防洪排涝成为岭南建筑挑战环境之重要课题。首先是重视开渠以及涵道建筑，以保证城乡日常生活和农业灌溉排涝的基本条件。水利建设在广东历史悠久，连州龙口村龙腹陂水利工程，相传为东汉时所筑。东汉年间，在乐昌就开始了整治"六泷"的河道整治工程。三国时期，陆胤引白云山蒲涧水到广州城北供居民饮用。宋代，在广州开凿城濠，系统整治城中河渠，命名"六脉渠"，形成布局较为合理的城市排水系统。广东各地，建有海康的引水灌溉工程、潮安的三利溪等多功能水利工程。岭南人民在长期的水利工程实践中积累了丰富的工程技术经验。珠江三角洲宋代堤围已能按灌溉和防洪之需来规划设置。元代新筑堤围绝大部分筑有石窦，有的设间基以分小围而有利排灌。明代，将原堤围砌上石陂，换用石窦，创造了载石沉船截流堵口的办法。清代是广东海堤发展盛期，修堤方法比过去有所改进，比如堵口复堤，"不宜照旧基左右堤岸接筑"，"须相深潭外内地址坚厚处，或前或后弯而筑之"，"因地势长短深浅定局"。[①]与此同时，对堤围内还发展为起塘基，形成基种桑、

---

① （清）何如铨：《重辑桑园围志》。

肇庆城墙设防洪卡槽的朝天门

塘养鱼、桑叶饲蚕、蚕粪饲鱼，两利俱全，经济效益十倍禾稼的农业生态系统，使珠江三角洲成为富庶之区。韩江三角洲建成南北堤，为减轻洪潮灾害，保卫耕地和城乡安全起了重大作用。岭南城市创造性地把用以军事防御为主的城墙、濠池建成为兼具抗洪排涝功能之系统工程。肇庆古城在北宋改拓为砖墙，明代重修，"千户郭纯以城南滨江，甃岸以石，高并城址，藉捍水患"[1]。近代肇庆水灾频繁，城墙一直起着防洪之堤防作用，直至1969年加高防洪石堤，古城墙方释防洪之职。潮州古城东临韩江，南宋甃筑，元大德间总管大中怡里修东城之滨溪处，谓之"堤城"。今存东面临江城墙和广济门为明洪武三年（1370）所筑。每年汛期洪水泛滥之时，广济门即下二道木闸，中填土石，沿江城墙成为一道防洪大堤，保护市区免受水患，至今如是。潮州古南门涵引进韩江水，经壕沟流入三利溪，为城市排污之动脉，初建于宋代，几度填塞，清乾隆二十四年（1759）悉启其旧址而重新之。此阴涵既能引水，又有防洪设施，建成后近二百年间，从不淤塞或冲刷破坏，也无清淤或修建

---

① 光绪《高明县志》。

纪录，真的达到"一劳永逸"的设计目的。传说阴涵内埋下百口大锅，涵内落差较大，有弧形或锅状建筑物上下交错相向，水流骤落骤起，流速加快，冲刷不已，可使泥沙不至于在涵内沉积。涵洞西挖一个大水池，水沟底深挖槽，槽面间架石梁，水力在石梁间回旋激荡而减弱，此为现代水工所称之消力槽。南门涵工程设计，符合现代科学原理，堪称水利工程史奇迹。为防潮、雨、洪水，岭南普遍采用石柱础，一般高在30厘米以上，高者近1米。西江边的德庆悦城龙母庙，处四水汇流之地，江水浸漫时有发生。古庙有相当好的防洪设施，花岗岩墙础平滑如切，间不容发。石殿柱多为花岗岩打制，少量木柱下面也垫以1米以上的花岗石墩。花岗岩石地板下有完美的排水系统，泄水迅捷。从后楼到大殿、天井、山门、广场逐级递降，稍向西江倾斜。洪水过后，邻近街道往往淤泥及膝，而在龙母庙，稍加清扫便光洁如初。德庆学官大成

濒临西江的德庆悦城龙母庙庙前广场

殿在元至元元年（1264）圮于洪水，大德元年（1297）重建时，在设计、用材等方面采用有效的防洪措施：将殿堂台基加高至1.2米，为原基高5倍；设置高35厘米的花岗岩石门槛；前檐用花岗石柱，其余三面围以高墙；采用花岗岩石高柱础，正中四根金柱柱础高达82厘米。大成殿重建至今700多年，其间约受洪水冲淹90多次，1915年和1949年两次洪水，大成殿内水深均达3米以上，仍巍然屹立。

六是建筑材料因地制宜，就地取材，达到经济、坚固的作用。岭南地近江海，贝壳是先民取食软体动物之后的弃物，贝灰粘合力甚强，肇庆城墙以贝灰砌缝，杂草不生。粤东一带使用贝壳灰历史悠久。揭阳的数处宋墓，用贝壳灰砖缝并涂抹外壁，元墓形制巨大者，耗贝灰竟多达几百担。明以后，以贝灰掺合沙土的三合土夯筑更加广泛应用于房屋的墙体，墓葬的坟头、墓手、灰埕等。《海阳县志·杂录》中述及："潮滨海，皆用蜃灰。蜃出海埝中不可测，其出必毫光，嘉庆庚午、辛未间筑韩山书院，春间少海蜃，人传鳄溪上数里有许氏田出蜃可用，市之果尔。"许氏田即意溪镇头塘村海角山下的贝丘遗址。潮汕地区土质制砖不佳，故以贝灰为主体原料的三合版筑得以盛行。版筑之后，再抹以

蚝壳墙今已成为稀见景观

灰泥磨平，墙体光滑，历一二百年而不坏，费用比砖砌节省很多。古老的版筑技术在南方得到传承发展，高层建筑如清代建的普宁培风塔，三合土夯筑，历百余年而无损。20世纪60年代曾对潮州、澄海、饶平等地的古建筑贝灰进行100多次物理试验，证实贝灰沙有极好的工程物理性能。潮州开元寺、许驸马府部分建筑体已有千年左右历史，外围墙压强度达110公斤/平方毫米，抗拉3—3.5公斤/平方毫米。[①]潮汕一带进而将贝灰应用到堤防上。韩江下游南北堤，涉及200多万人口、100多万亩耕地安危。堤围以河沙和沙壤土构成，渗透性大，且原有堤围年代已久，受坟墓、鼠穴、蚁洞、烂树头影响，孔隙殊多，难以清理。为巩固堤围，堵塞渗漏，加筑贝灰龙骨即防渗墙、灰礁防渗。清代在北堤险段意溪渡头增筑1—2条龙骨，即将贝灰沙夯筑墙基深入到枯水位下。全线36公里外坡一面均增筑贝灰灰礁，防渗漏，防冲刷，又能挡土缩减堤坡用地，一举多得。直接以贝壳为建筑材料的，如揭阳霖盘联东乡明墓，墓底用几百斤贝壳平铺，厚约10厘米。蚝壳叠墙在粤中曾盛行一时。唐刘恂《岭表录异》记载广州"惟长蚝蛎，垒蚝壳为墙壁"。明王临亨《粤剑编》提到："广城多砌蚝壳为墙垣，园亭间用之亦颇雅。"明叶权《游岭南记》说道："广人以蚬壳砌墙，高者丈二三，目巧不用绳，其头外向，鳞鳞可爱，但不隔火。唯富家巨室则用砖云。"可知明代广州的蚝壳房随处可见。此风延续到清代，今斗门绿漪堂，番禺沙湾留耕堂、小谷围（广州大学城）北亭祠堂山墙及附近少数民居仍保留有蚝壳墙，历数百年而完好如新，经久弥坚。蚝壳用以砌筑水井，利于疏水，又能起过滤作用。大的蚬母磨成薄片，镶嵌到窗户和天窗，既透光又有保护隐私作用。此外，还有特殊材料，如佛山冼氏家祠后殿山墙及后墙上部以片状铸铁泥模叠砌，是宋代原物，反映宋代佛山铸铁业的发展和建筑工匠的就地取材。

---

① 廖君儒：《南北堤的龙骨和灰礁》，《潮州》1995年第3期。

（三）装饰工艺特色

岭南建筑工艺注重装饰，有的建筑物本身就是一个雕刻装饰艺术的宝库。广州南越王墓前室石板顶盖、四壁及两道石门都施以朱、墨两色卷云纹图案装饰，是迄今所见最早的岭南建筑饰画。南越王宫苑遗址的陶构件上，依稀可见绿、朱颜色的涂饰。广州汉墓出土东汉前期陶屋明器，屋脊脊端翘起，有的正中置一鸟。广州西汉后期墓出土干栏式陶屋模型，下屋镂空作舞人像，类似希腊神庙以人体雕像直接作为柱体的卡里亚蒂德式。东汉墓陶灶明器侧壁上方刻划游龙和奔牛纹样，门板上刻划图像，有人状、动物状，甚至奇形怪状，或者就是《后汉书·礼仪志》所谓门神。东汉后期陶井井亭，四角攒尖顶上立有鸟形装饰。这些例子，都说明岭南建筑装饰有久远历史。

明清以后岭南建筑进入成熟时期，建筑装饰手法形成一定特色：

其一，实用与艺术结合，结构与审美结合。对关系建筑结构又是立面上最显眼的重要部位，诸如屋脊、墙头、不同墙面转折处、细部收口等部位，通过装饰手法使之不至于单调，而且更加坚固。南方多雨，对于屋面结合部的屋脊，防漏的要求很高，屋脊往往做得特别粗大，粗大的屋脊成为展示装饰工艺的理想底地，尤以正脊更为突出，饰以陶、灰塑甚至嵌瓷，不怕日晒雨淋，历久而鲜艳如新。修筑得特别高大的风火墙，形如镬耳，不仅起了防火的作用，更能够遮阳而使屋面减少日晒，还大大丰富了建筑的侧立面。对于起承重作用的大面积墙体，在墙上嵌以砖雕，墙头饰以彩画，避免了单调的直觉，而透雕的砖雕通风透气，也有利于建筑散热、排气。采用穿斗与抬梁结合结构的大中型公共建筑物，多数采用彻上明造以求建筑物空间的高大通敞，同时在梁架、照壁额枋、柱头斗拱等部位精雕细刻，使这些迎面可见、抬头可见的部位给人以美的观感，增加此类建筑富丽堂皇的格调。在潮汕地区，梁架被称为"五脏内"，以喻其在建筑内部的重要地位。月梁是岭南常见的一种梁式，后期常用石雕做成，置于祠堂庙宇门廊檐柱上。雀替也变成雕

重视屋顶装饰的岭南建筑风格

花板，平身斗拱更变成狮子或花板石雕。为了防潮、防洪水浸蚀、防白蚁，岭南建筑中石梁、石柱颇为常见。柱础一般采用石构，比北方明显更高，而且刻成复杂的几何形状。室内追求通风采光，采用雕刻精致、通透的屏风、隔扇、门罩及挂落。庙宇、祠堂、会馆、府邸等建筑注重门面，淋漓尽致地予以装饰，使门面陡增华贵之感，不同于北方一些建筑群入口处不甚显眼。对于建筑组群中的主体建筑、建筑物内部的重要部位，也通过集中雕饰来强调其地位。神龛装饰更是集中装饰工艺精华，光彩夺目。

其二，装饰题材上不仅广泛采用传统题材，更突出岭南地方特色。岭南建筑装饰所采用的题材，几乎囊括传统的民间装饰题材，有历史故事、神话传说、渔耕樵读日常图景、戏曲小说场面、吉祥如意图案、虫鱼鳞甲、走兽飞禽、奇花异草、龙凤麒麟、山水胜境、亭台楼阁，乃至名人诗句、名家书法。岭南工匠更善于表现地方特色题材，较多表现的有岭南佳果，如杨桃、番石榴、香蕉、荔枝、芭蕉；岭南花木，如红棉、茉莉、榕、桂、兰、芷、芙蓉、指甲花、素馨花；岭南风光，如潮州八景就常用作屏风、壁画内容。有的装饰杂用西式花纹图案，也有西

广州南越王宫苑遗址石构水渠、水池

人形象图案，反映了岭南在中外文化交流中的特殊地位。明万历年间建的琶洲塔，塔基托塔力士形象就是洋人相貌衣着。晚清以后，表现这方面的题材更加常见。

其三，建筑装饰工艺丰富多彩。主要有三雕（石雕、木雕、砖雕）、二塑（陶塑、灰塑）、嵌瓷、琉璃、壁画，还有金属（铸铁、铸铜）、玻璃（蚀画）等其他手艺。

石雕在广东历史悠久，雕作有线刻、高浮雕、中浮雕、低浮雕、镂雕等类型。石器加工是岭南原始先民谋生手段。在珠江口发现多处岩刻，以复杂的抽象图案为主，尤以珠海南水镇高栏岛岩刻为巨，最大一幅高3米、长5米，阴纹凿刻，线条清晰，从复杂的线条中还可辨认出人物和船只，该处岩刻年代约为公元前1000年。南越国御苑遗址以石板作冰裂纹精工铺砌的石池、蜿蜒曲折的石渠、大型石板架设的石室，以及多种石构件，为全国秦汉遗址所首见。南越王赵昧墓，是迄今所知岭南规模最大的石室墓。墓中出土的244件套玉器，均可谓精美绝伦的珍品，反映南越国时已掌握了玉石开料、造型、钻孔、琢制、抛光、改制等手法以及镶嵌工艺。南越王墓中还发现滑石为料的烤炉、耳杯、猪、枕以及石砚、研石、砺石及磨制精细的石斧等，说明石雕是被重视的工艺。

在岭南建筑中，除了石塔、石桥、石坊、石亭、石墓，石材更广泛地应用于建筑构件和装饰上。大体分为三类：一是作为建筑构件的门框、栏板、抱鼓石、台阶、柱础、梁枋、井圈等；二是作为建筑物附属体的石碑、石狮、石华表以及石像生等；三是作为建筑物中的陈设，如石香炉、石五供等。

　　广东石雕工艺以粤东见佳。潮州开元寺大殿围廊唐代石栏板，与潮阳灵山寺唐大颠祖师墓塔须弥座束腰石刻，风格皆典雅凝朴。开元寺内唐代石经幢，为国内罕见的唐代大型石经幢。潮安宋代王大宝墓前石像生武将高2.33米，威风凛凛；石狮高1.46米，造型夸张。明建凤凰塔石构基座的珍禽瑞兽浮雕，表现手法浑厚简洁。至清代，潮州石雕风格为之一变，由浑朴变为精致，由浅浮雕为主改进为深浅浮雕与透雕结合，祠堂、府宅、会馆争以石雕竞奇巧。今存于广东民间工艺馆的建筑物构件清末潮州石雕老鼠、荔枝、葡萄石雕，技艺十分精湛。华侨陈旭年建潮安彩塘镇从熙公祠，历14年始建成，集中了石雕艺术精华，是全国重点文物保护单位。檐前垂花柱剔透玲珑，四幅贴壁石刻分别以渔、耕、

潮安从熙公祠"士农工商"石雕

潮安从熙公祠"花鸟虫鱼"石雕

广州光孝寺大殿后廊砂柱上的宋代石雕狮子　南雄博物馆藏宋代石雕狮子

樵、读为题材，一幅之中，有士、农、工、商等25个人物，神态各异，散聚有致，采取镂空手法刻成石网绳、石牛索，极尽工巧。潮州明清所建石牌坊，多达110多座，仅太平路千余米路段便有47座，形体高大，工艺精致。

　　粤中石雕，以石柱础、石坊、石狮为主。出土于南越王宫遗址下的南汉石墩，艺术风格明显受到西亚艺术影响。南汉南薰殿柱皆通刻，镂础石，各置炉燃香缭绕，有气无形。[1]广东各地存有一批饶有特色的古代石狮。如广州光孝寺大殿后廊平台勾栏砂岩望柱保留有宋代石狮，南雄博物馆门前红砂岩宋代石狮，龙川宋衙署内石狮，德庆元学宫院内麻石狮。广州镇海楼前明代红砂岩石狮，体态肥大，十分古拙。揭阳仙桥郑氏家庙前明代石狮，显示出更多活泼姿态和精良技艺。清代岭南石狮，已形成特有风格，更具浪漫色彩，憨态可掬，少

---

　　[1]　同治《广州府志》。

威严凶猛，多喜庆气氛，如今可见于广州人民公园内的清顺治年间石狮，以及广东迎宾馆门前从天成路晏公街迁来的石狮。吴川、佛山等处石狮工艺精致，风格成熟。石狗在雷州半岛乡间几乎村村可见，置于村口、树下、门前、天井乃至居民窗户顶部飘板上，最早为宋代雕制，衍至当代，为图腾崇拜遗制。

石雕精品也可见其他品类。连平紫云庵旧址存有13尊明代石雕罗汉像。肇庆崇禧塔、高州宝光塔、潮州凤凰塔塔基浮雕图案以及潮安三元塔各层塔心室藻井上石刻浮雕，题材丰富，雕工精湛。兴宁学宫大成殿前御路石雕"游龙吐珠"，高浮雕构思巧妙。饶平三饶古城城隍庙石雕栩栩如生。顺德杏坛镇古粉村爱日桥栏板雕刻龙凤牡丹及佛八宝等图案，是精致的明代石雕。佛山孔庙红砂岩照壁，浮雕麒麟古朴有神。德庆悦城龙母庙的门楼、牌坊、栅门及内庭遍饰石雕，山门、香亭清代蟠龙石柱轻灵通透，被誉为石雕艺术殿堂。龙柱之巨者，当数佛山博物馆院内改装为华表的高浮雕龙柱，原置社亭铺药王庙，高17.8米，柱础直径0.9米，《佛山忠义乡志》谓其"非近世工匠所能造"。客家祠堂前较为常见的是石刻旗杆，平远黄畲乡南龙村清代花岗石浮雕旗杆，高15米。清代石雕之精雕细镂，线条流畅，密而不乱，在今存华林寺星岩白石塔基座上得到淋漓尽致的表现。

作为工艺品的岭南木雕，始见于广州两汉前期汉墓出土的木船模型和划船俑。刀法简练而形象生动，表现出岭南先民木雕工艺的功力。

广东木雕分为广州木雕和潮州木雕两大流派。广州木雕主要产地为以广州为代表的珠江三角洲及西江流域一带，以实用为主，主要用于建筑饰件（花衽、花罩、门窗）和红木家具。潮汕木雕以金漆木雕最为出名，主要用以装饰厅堂、神龛座件、橱柜门饰等。祠堂、会馆、庙宇及府邸的梁架檐板都是广州木雕和潮汕木雕重点装饰的部位。

潮汕木雕历史悠久。现潮州开元寺内挂有唐代木鱼、北宋木龙。明代，潮州府衙正门镇海楼栏杆望柱上共刻有木雕小猴108只，形态各异，后被焚毁，现仅存三只，抱膝闭眸，搂膝挖耳，活泼逼真。今藏广

仅存的三只明代木雕潮州府衙镇海楼猴

东民间工艺馆的清代潮州红漆木雕香炉罩，纹饰细致复杂，技法炉火纯青。明代以后，兴起金漆木雕，注重采用多层镂空技术，与浙江东阳木雕并称中国两大木雕品种。清代潮州木雕鼎盛，庙宇祠堂遍布潮汕各地，栋梁牌匾、门窗家具，尽加雕饰。晚清金漆木雕精品，当数潮安彩塘金沙乡资政第、潮州义安路铁巷己略黄公祠。己略黄公祠的整座梁架成为一件层次丰富、金碧辉煌的大型工艺品，因而该祠堂被列为全国重点文物保护单位。

潮州金漆木雕作为建筑装饰和摆设，其特点是通透、华丽、精致。今潮州博物馆内有《水族图》缠罩，反映了以水为题材的地方特色。浮雕《湘子桥图》，在两幅各高约54厘米、宽32厘米的木板上，独具匠心地刻出"十八梭船廿四洲"的湘子桥全景，景中还有神态各异、身份不同的25个人物。神器装饰是金漆木雕地方色彩特别浓郁的一个传统门类，藏于潮州博物馆的清光绪年间神龛，高达3.25米，宽1.78米，深1.25米，由80多块金漆木雕和20多幅磨金漆画装饰，灿烂辉煌。

广州木雕一开始较擅长于圆雕人物。在广州光孝寺三宝佛腹中发现唐代木雕罗汉像，神态和蔼，衣服纹褶轻快而富于变化。现存于曲

潮州博物馆《水族图》缠罩　　　　　　　　　潮州金漆木雕梁架

江南华寺的350多尊北宋木雕罗汉像，从铭文可知其雕造于广州，高度在49.5—58厘米之间，每尊佛像都是底座和坐像组成，在这有限的范围中，设计出姿态不同、生动传神的罗汉形象。明清以后，广派木雕向建筑装饰和家具陈设上发展。广州陈家祠内的大型柚木屏门及大型花罩，雕刻均十分精美。番禺余荫山房、顺德清晖园饰件，也有不少木雕佳作。广派木雕也有金漆木雕。广州仁威庙的梁枋木刻均施金彩。清代广派木雕在珠江三角洲和西江流域十分流行，擅长于表现网络复杂、图案新颖、富有岭南地方特色的题材。佛山祖庙庆真楼荔枝挂落，累累果实悬挂在翠叶丛中，让人宛若置身荔枝园。清末光绪年间，广派木雕以三友堂最有名气，三位木雕师傅原合伙经营木雕，后分为广州"许三友"、佛山"何三友"和三水"赵三友"三处，风格粗壮豪放、夸张洗练。广派木雕盛期代表为佛山装饰木雕，晚清参加木雕行会的有18家，全行业木雕工人有148人。民国初年，佛山较著名木雕店号有广华、成利让、聚利、恒吉、三友堂、泰隆、合成等。传世主要作品今集中于祖庙博物馆内，以万福舞台的隔板最为辉煌，全部漆金，刻画传神。祖庙三门前檐花衽，长31.3米，为光绪二十五年（1899）泰隆造，雕刻人物

南华寺藏北宋木雕罗汉像

佛山祖庙万福台金漆木雕隔板

故事。黄广华造金木雕大神案，长3.3米，宽1.3米，正面神龛式多层镂空金漆木雕，共雕刻人物126个。

　　近海地区，因砖质易受海风腐蚀、风化，故砖雕较为少见。广州附近及西江、北江流域中游特别是东莞一带青砖质量较好，砖雕则较为常见，多用于门额、墀头、墙头、栏杆、神龛楣边、天井照壁及通花漏窗。

　　砖雕按技法分为浅浮雕、高浮雕和透雕，按规模分为组合砖雕和单个砖雕。组合砖雕一般用于墙头、柱头、照壁等大面积的装饰，大者需数百块砖雕组成。砖雕通花窗拼合成各种图案后再进行细工雕刻，整体性很强。在岭南出土的汉墓砖已有花纹纹饰，晋砖有铭文，多为模印，也有少数划刻。岭南现存建筑物上的砖雕最早者为元代。番禺石楼镇善世堂大堂正面两侧墙上，各有一砖砌镂空大花窗，是保存较完整的明代砖雕组群。现立于佛山祖庙的郡马梁祠牌坊，是明正德年间所建的四柱三楼牌坊。正楼、次楼为砖雕砌建，刻有花鸟、人物、花卉，形象简

广州陈家祠清代砖雕

练，刀法生动。岭南砖雕当推陈家祠正面墙头6幅大型砖雕最为著名。每幅高度2米，宽度约4米，主要内容为聚义厅、刘义庆伏龙驹，也有瓜果藤蔓、书法条幅，出自南海、番禺的著名民间艺人之手。佛山祖庙砖雕规模也较大。较之北方砖雕的粗犷、浑厚，广东砖雕显出纤巧、玲珑的特点，采用精制水磨青砖为材料，往往雕镂得精细如丝，习称为"挂线砖雕"。这种砖雕多以阴刻、浅浮雕、高浮雕、透雕穿插进行，精细者可达七八层，画面富于起伏变化，在不同时辰日光照射之下，还能呈现出黑、白、青灰等不同色泽，高光部更是熠熠生辉。

　　岭南制陶起源甚早。在英德、始兴、南雄和南澳等地的原始社会遗址发现广东最早的陶器夹砂粗陶，距今约7000—8000年。陶器，即使是日常用具，也有造型艺术的要求。距今5000—6000年前，珠江三角洲、韩江三角洲贝丘及沿珠江口的沙丘遗址出现了彩陶，反映了制陶工艺的进步。新石器时代晚期陶窑，在曲江、韶关、始兴、兴宁、普宁等地均有发现，陶器表面的花纹装饰已相当美观，多用陶拍加工出各式各样的几何形花纹。迄今发现最早的陶瓷艺术作品，见于增城西瓜岭战国早、中期遗址，出土有陶鸡和陶马。在深圳也发现有这一时期的陶塑动物残件。西汉前期墓葬中已见有陶制犀角、象牙模型。出土的这一时期陶壶铺首，兽头造型较多变化，可能仿自岭北传入的青铜器。西汉中期墓出土有陶灶、井、仓、屋模型。西汉后期墓出土有双狮形座、虎子及猪、牛、狗、鸡、鸭等模型。东汉后期陶井模型，井亭攒尖顶置张翅昂首之鸟，是最早附饰于建筑物的装饰性陶塑。广州光孝寺出土南朝双层莲花瓣瓦当，中山五路出土精美的唐代兽头砖，都是屋顶建筑构件，有很强装饰性。陶塑瓦脊，主要流行于粤中地区的庙堂上，清代至盛。佛山祖庙共有6条陶塑瓦脊，石湾文如璧造的三门陶塑瓦脊长30米，高1.8米，各段分别塑舌战群儒、姜子牙封神、天官赐福、鹊桥会等。岭南陶塑瓦脊以广州陈家祠最为壮观，各进厅堂、连廊、通巷屋脊遍饰陶塑。厅堂上的瓦脊两边巨大的鳌鱼、狻猊、凤鸟令人注目。聚贤堂上之陶塑最长，长27米，高3米多，两面各塑大小人物、动物300多个。光绪年间广东各地不少建筑屋脊瓦脊都有文如璧店作品，现存的还有德庆

精美的陶塑屋脊

悦城龙母祖庙、三水胥江祖庙、东莞埔心村康王庙、顺德大良西山庙等处。东莞康王庙屋脊的108个水浒好汉陶塑栩栩如生。在粤东，清代重修揭阳榕城北帝庙的屋脊陶塑，背景之楼阁亭台高达三层，今已改成龙船脊，尽失当年风采。粤中陶塑瓦脊有其特点：一是突出人物在场面中的主体位置，"人大于山，水不容泛"，楼台只简化为主要特征；人物头部比例较大，动作较大，脸部用不上釉的黄赤色土塑成，喜怒表情明显，上部一般外倾。二是色彩鲜艳，雨水冲淋之后更加鲜丽。三是所塑题材为百姓喜闻乐见而有亲切感，适于远观也可近赏，使庙堂有一种浓缩历史的感觉，与民俗更为接近。比陶塑更为高级是琉璃脊。广州沙贝名贤陈大夫祠，存有清道光二十七年（1847）英华店造牡丹花琉璃脊。

灰塑在民间又称灰批，是用石灰、麻刀、纸浆按比例调成浆，再和铁丝等依一定图像塑制而成的饰件。常用于脊饰和檐下、门楣窗框等部位以及亭台牌坊构件，也可塑在屋顶脊饰之鸱尾、鳌头、翼角、仙人、走兽。其特点是制作自如，可塑性强，造价低，耐风化。表现手法有两种：一种是彩描，即在用灰泥造型后，表面再描上加胶彩色；另一种是

灰塑的艺术效果并不逊色

色批，即用不同颜色的灰（加矿物颜料），直接批塑在作品表面上。前者较鲜艳，后者较耐久。灰塑艺术效果接近陶塑，而制作更为方便，明代广东各地建筑物已多有运用，清代更为普遍。以广州陈家祠、佛山祖庙、三水胥江祖庙、德庆悦城龙母祖庙等处的灰塑为出色。建于明正德十六年（1521）的佛山祖庙褒宠牌坊，是现存有灰塑雕饰的较早期作品。顺德大良西山庙饰有大量造型生动的灰塑。广州陈家祠屋脊累计总长225米，高度平均0.9米，规模为岭南地区之冠。

嵌瓷流行于粤东一带，俗称聚饶、贴饶或扣饶，为罕见的地方工艺，始创于明代，盛行于清代。初时只是利用碎陶片在屋脊上嵌贴成简单的花鸟图案装饰。清末，瓷器作坊为嵌瓷工艺专门烧制低温瓷碗，彩以各种颜色，供剪裁镶嵌，装饰于庙宇、祠堂、亭台楼阁和民居的屋脊、屋檐、门楼和照壁上，与琉璃瓦屋顶相配合，使建筑高雅堂皇。潮汕嵌瓷坚实牢固，经风雨而不褪色，层次丰富立体，色彩绚丽斑斓，尤适于表现花鸟、人物。通常在屋脊正面饰双龙戏珠、双凤朝牡丹，脊头

层次丰富立体的潮汕嵌瓷

潮汕嵌瓷别有意韵

屋角以戏曲故事人物为立塑。照壁上的嵌瓷，常见的有麒麟、仙鹤、梅花鹿、狮象、龙虎等。清代，潮汕民间嵌瓷艺术还流传到东南亚各地。泰国曼谷的郑王塔，就是一件巨型的嵌瓷艺术品。潮汕地区古建筑上原有的嵌瓷装饰，现已近乎荡磬，但近年越来越多的修复的庙宇、亭阁采用嵌瓷工艺，使这门民间建筑装饰工艺重放光彩。1992年修复竣工的汕头天后宫和关帝庙，在屋脊上就大面积采用嵌瓷工艺。

　广东地区最早的建筑壁画，见于广州南越王墓前室周壁、室顶及南北两扇石门，上施有朱、墨两色彩绘云纹图案，反映出南越国绘画艺术上对秦朝传统的继承，是艺术上的"汉承秦制"。在广州先烈路龙生岗发现的东汉土坑木椁墓，椁室前室周壁原有彩画，残留一小块红、蓝两色卷云纹图案，是绘于板壁上的壁画。唐初大诗人王勃在广州宝庄严寺舍利塔铭中提到"其粉画之妙，丹青之要"，可见塔壁有华丽的粉彩壁画。唐代岭南还出现了能够跻身于当时著名画家之列的壁画大家。北宋郭若虚《图画见闻志》记载："张洵，南海人。避地居蜀，善画吴山楚岫、枯松怪石。中和间，尝于昭觉寺大悲堂后画三壁山川，一壁早景、一壁午景、一壁晚景，谓之三时山，人所称异也。"北宋黄休复《益州名画录》述及此事，说是"画毕之日，遇僖宗驾幸兹寺，尽日叹赏"。张洵是现今所知广东画家第一人，推知当时岭南建筑也有壁画之风。韶关张九龄墓通道左壁，饰有仕女蟠桃图，画面高2.2米，宽2.6米，以墨、朱、绿色绘制，残存部分可看出在两位仕女之间有蟠桃数只。工意笔结合，三只蟠桃及叶子纯用色彩没骨晕染，突出人物形象，虽残缺不全，仍可一窥唐代岭南壁画之一斑。

关于宋元壁画，记载极少。南宋道士白玉蟾，生于琼州（今海南琼山），随母改嫁至雷州，入罗浮山学道，又至武当山访秘经真传。夏文彦《图绘宝鉴》记鄂州城隍庙壁画竹林是白玉蟾真迹，是此时岭南人有创作壁画之佐证。

在建筑装饰上，岭南壁画并不那么突出，主要原因是岭南气候潮湿，不利于壁画长期保存。不过，在清代，受江南建筑影响，墙头壁画也盛行起来，描绘题材，除了与内地相同之外，也不乏岭南佳果。壁画颜色较着重于清淡素雅，不追求大红大绿。近年在文物普查中，古建筑上的壁画也逐渐引起注意，并出版有壁画集。

岭南建筑装饰工艺，还有金属铸件。在广东地区出土的先秦青铜器皿上，常见各种立体雕饰。青铜人首柱形器具有鲜明、强烈的古越族文化色彩，在广东主要出土于四会、清远、罗定、怀集等地的战国墓中，艺术风格受楚文化影响，图案技巧未脱稚朴气息。南越王赵眜墓中发现的大批青铜器，工艺装饰性的雕刻主要在各类器物的支架、底座，例如力士、蟠龙鎏金铜托座和朱雀、双面兽首顶饰。跪坐的力士，口中獠牙紧啮双头蛇，两手两脚各操、夹一蛇，是青铜器珍品。同墓中还出土姿势威猛的虎符、肃穆挺立的烤炉鹗形足。广州沙河汉墓出土的跪坐鎏金铜女俑、铜温酒尊孔雀形钮，是欣赏与实用相结合的艺术品。

广东冶铁，以佛山为发达。南汉铸出今存于光孝寺的东、西铁塔和梅州的千佛铁塔，塔座莲花、塔身佛像及塔基飞天、云龙装饰图案，均有很高水平。南汉王刘铢建乾和殿，铸12根铁柱，每根"周七尺五寸，高丈二尺"[①]。广州六榕寺花塔上的元代塔刹铜柱，高近10米，柱峰密布1023尊浮雕小佛，还有云彩缭绕的天宫宝塔图。塔刹全部构件重逾5吨，是一件综合冶铸技术的大型工艺品。清雍正二年（1724）潮州知府主持重修广济桥时铸有两头镇水鉎牛。晚清广州陈家祠主体建筑聚贤

广州陈家祠铸铁廊柱

广州陈家祠铸铁饰件

---

① （清）梁廷枏：《南汉书》卷三。

堂前的露台石雕栏杆中，嵌有大小16块铸铁饰件，其中最长的是"三阳（羊）启泰"，共两块，每块长2.1米。后进连廊共有32根铸铁廊柱，轻巧通透，明显受到西方建筑的影响。

三、安居岭南建家园

（一）早期民居

迄今发现，广东地区在距今60万年前就已有人类活动，其活动遗址是位于河滩地的郁南磨刀山人类活动遗址，但未留下居住遗迹。原始人类留下的最早居住遗迹是距今约13万年前的穴居遗址曲江马坝狮子洞，此外，还有粤西、粤北的封开垌中岩、黄岩洞，罗定下山洞和饭甑山洞等许多洞穴遗址，反映了原始先民过着狩猎、捕捞和采集为生的穴居集体生活。

新石器时期，岭南地区先民开始逐渐转向农业生产和驯养牲畜并定居下来，生活区域由山地推及珠江三角洲、韩江三角洲和沿海岛屿。这一时期，洞穴仍是他们的一种居所，同时出现了用不同材料营造的原始房屋。在英德岩山寨遗址、曲江石峡遗址、广州黄埔陂头岭遗址、增城金兰寺贝丘遗址、深圳咸头岭遗址、珠海高栏岛宝镜湾遗址等处，发现大量与建筑有关的灰坑和柱洞，乃至墙基槽、窖穴、灶炕、红烧土地面和坍塌的木骨泥墙构件等。高要茅岗水上木构建筑遗址，面积达数万平方米。从现存遗址看，大体分为两种类型：建于地面的半地穴式窝棚式建筑和高于水（地）面的干栏式建筑，是岭南先民走出洞穴之后主要居住形式。

秦平岭南带来了中原建筑文化，岭南建筑工艺有了转折性的发展。广州农林上路四横路建筑工地发现的西汉大型木椁墓，整个棺椁都是用粗大的格木构砌，结构复杂，榫卯十分准确、精巧，通体不用铁钉，充分反映当时木作技术之高超。在采用夯土技术的同时，砖、瓦也开始应用到建筑上来。

广州西汉中期墓葬随葬品中，开始出现干栏式陶（木）屋模型，上层楼居，下层圈养牲畜，这类明器一直流行到东汉后期，木结构多用穿斗式，也有抬梁式。仓、廪模型同为干栏式。住宅为悬山顶，井亭和囷则分别为四坡顶与稻草编织的伞形顶。这些模型的特点是：出现菱格式或直棂式窗户；木仓的悬山式屋顶两坡各设开合式天窗；上层屋内挖有

广州出土东汉楼阁式陶屋明器

穿孔，加扶手，是为厕坑。这说明中原建筑形式传入岭南，即融合了适合本地气候、生产特点的干栏式结构。

　　广州出土东汉初期陶屋模型，出现曲尺式和楼阁式的新形式。楼阁式住宅平面布局有日字形、曲尺形及三合形，屋顶有四面坡、双面坡，结构复杂，主次分明、错落有致，说明广州地区民居已经成熟地运用以木构架为主的结构和轴对称的形式。东汉后期墓葬陶屋明器，除了曲尺形占很大比例，最典型的是三合式陶屋和城堡模型。这种防卫性极强的坞堡形式的宅院，直至近代仍可在粤北、粤东山区以及宝安一带见到，当地俗称"四点金""四角楼"。广州出土东汉明器中还有一种陶楼，3—5层不等，称得上高层建筑。这一时期的陶井亭顶饰有凤鸟，陶屋山墙上端有一对圆窗，装饰更趋丰富。

　　总的来说，与同期四川、山东、河北、河南等地的墓葬出土建筑模型以及画像砖、画像石中的建筑画面对比，广州地区汉代住宅建筑模型，木构件的复杂工巧、斗拱的成熟多样不及上述地区，房屋的整体布局、平面设计却有自己的特色，早期有浓郁的干栏式痕迹，中、晚期呈现出形制上组合灵活、变化多样，风格上更为粗犷、朴实，体现了这一时期的岭南建筑，在融合中原建筑技术过程中，已经初步形成了以汉文化为主体又带有浓厚地方特色的住宅建筑体系。

　　六朝时期，中原向岭南的移民潮使岭南人口激增，生活方式发生变化，生产技术迅速提高，推动着建筑业发展。岭南民居变化甚大，除了一批州县城镇的建立外，这一时期遗存的大面积聚居遗址也可证明。粤西吴川塘尾镇南蛇岭遗址、遂溪和高州一带多处居住遗址、粤北的南雄乌迳镇甘埠遗址，面积均以数千、数万平方米计。始兴城郊乡东湖村南朝村落遗址，有房屋台地、水井等遗迹。粤东的揭阳新亨镇九肚山，发现晋代全木构房屋，屋顶盖木板覆以黏土。在潮州发现多座唐窑，仅在西湖旁的窑上埔就有26座，其中出土建筑陶瓷印纹砖、瓦当、筒瓦、板瓦，印花瓦当竟与西安大明宫瓦当一样。当地唐墓曾出土莲花纹纪年砖，刻印"仪凤四年"（679）铭文，可知烧制砖瓦的潮州窑灶始建于初唐。北宋苏轼曾谓"岭外瓦屋始于宋广平（宋璟），自尔延及支郡，而潮尤盛，鱼鳞鸟翼，信如张燕公之言也"[1]。苏轼撰写过潮州韩文公祠碑，对潮州应是相当了解的。

隋唐时期，砖、瓦、石等建筑材料进一步推向民间。唐代广州官府曾倡导以瓦易茅改建民居，延续近百年。岭南各地遗存有不少大面积的唐代聚居遗址。徐闻五里乡二桥村、大黄乡土旺村遗址，面积均6000平方米以上，遗存印纹红砖、绳纹板瓦和筒瓦、莲花纹瓦当及莲花形柱础。揭阳新亨镇落水金钟山东南麓龙东溪旁，发现唐代大型砖瓦房屋遗址，7间并列。

宋代，岭南经济迅速发展，从发掘的一些民居遗址可见砖瓦建筑之推广。汕头鮀浦镇鮀东村宋代建筑遗址，面积近万平方米，存有石柱、下水道陶器。惠来神泉澳角村建筑遗址1万多平方米，发现有铺地砖。曲江白土镇乌泥角村宋代墟镇遗址1.3万平方米，房基中采集到大量砖瓦碎片；曲江白沙乡阴阳墟遗址，面积约5万平方米，瓦当、滴水有莲花纹和龙凤纹。揭阳埔田区车田村竹山元代民居遗址，为六开间横列，墙基灰砖砌筑，高出地面尺余，上垒土墙，上盖灰瓦，室内四周筑陶排水沟，地面在河沙上铺设灰色条形地砖，屋内壁有壁橱、棂窗、壁龛，

----

① （宋）苏轼：《与潮州吴子野论韩文公庙碑书》。

并有通道。

各地民居建筑逐步发展至明清时期，终于发育为形式多样、民系特色鲜明的民居建筑体系。

（二）广府民居

早期广府民居建筑，较为明显地受到江南地区建筑模式的影响。尤其是官僚地主住宅，常常是四五代人聚族而居，以大家族为单位，建成封闭独立的建筑群。代表性类型是乡间的三间两廊和城镇的西关大屋。

三间两廊是珠江三角洲民居的中大型住宅基本格局，因而成为这类民居的代称。东莞虎门镇村头发掘的明末清初民居遗址，就有三间两廊民居。整座房屋平面为规矩的长方形。一列三间悬山顶房屋，明间为厅堂，两侧次间为居室；居屋前为天井，天井两旁为廊，右廊开门与街道相通，一般为门房，左廊多作厨房；天井下方以围墙封闭。有的在三间后面加建神楼，一般为卷棚顶两层建筑。以三间两廊为基本格式，可以有许多增删变化，屋地较窄可舍去一廊一间，占地广阔可以数座三间两廊联成庄园式的建筑群落。佛山石湾建国街的廖家围是典型例子。廖氏家族以蒸酒、养猪及经营陶窑为业，家族人口最兴盛时近500口。廖家围全为镬耳风火墙，有明庄屋27座，庄内有多座祠堂及花园。建国二巷（原廖巷）204号为保存较完整的一排房屋，均为三间两廊式。佛山典型的清代街道住宅东华里，原名杨伍街，今街内仍有杨、伍姓祠堂及书舍等建筑。乾隆年间改街名东华里，嘉道年间迁入骆姓家族，官至四川总督的骆秉章大加修整，后清末富商招雨田家族迁入再行修筑。东华里长约150米，首尾门楼仍保存道光二十三年（1843）街额，沿街道两旁布置竹筒式（三井三庭）房屋，实际上是三座三间两廊式居屋的纵向组合。整齐高耸、装饰华丽的镬耳式风火山墙，左右以青云巷相毗连，形成一个紧凑、密集的传统砖宅式街道。小间距、深遮阳、内天井、重庭院、高矗的风火山墙、通透的花格门廊、清凉的石地板等，形成穿堂

南海康有为故居　　　　　　　　　　广州西关大屋

风、后院风、弄巷风、井庭风，有良好通风效果。三水乐平镇大旗头村，有保存完好的三间两廊民居建筑群。南海丹灶镇苏村康有为故居、南海简村陈启沅故居、佛山城良巷11号李文田故居，都是建于清代的三间两廊式两进院落。

西关大屋俗称古老大屋，形成于清末同治、光绪年间，是适应广州西关商业繁荣、居民密集的环境条件，在珠三角传统三间两廊式民居多单元纵向组合的基础上，吸取苏州等地中、大宅的主要厅堂布局，发展形成的风格独特的民居。

典型的西关大屋正面称"三边过"，即三开间。明间为正间，次间叫"书偏"，取书房、偏厅之意。西关大屋之间以青云巷相毗连，其总体结构为临街凹入的门、门官厅—轿厅—正厅（神厅）—头房（长辈房）—二厅（饭厅）—尾房。厅间隔于小天井，天井上方有小屋盖，靠高侧窗（水窗）采光通风。后墙通常不开窗，谓避免"散气""漏财"，实际上起到挡北风和隐秘作用。右边书偏一般有个栽植花木的小

西关大屋侧立面析视图

庭院，正对敞厅的是书房；左边书偏是偏厅，是家属休闲与接待客人之处。偏厅前临街倒朝房是宾客临时用房。倒朝房屋顶露台，俗称"平天台"，可晾衣、放盆景、赏月，很有实用价值。书房和偏厅之后是卧室和楼梯间，最后是厨房。厅房都是单房，部分卧房为两层木楼阁。全屋以正厅居中，作供奉祖先、接待重要客人、全家聚集之处。卧房全用屏门、满洲窗灵活间隔，房间可大可小。西关大屋保留了传统建筑的中轴线为基准、突出重点、左右对称、层次分明、尊卑有序的布局原则，又对空间布局进行了浓缩、重叠，形成非常紧凑的住宅类型。西关大屋正门"三件头"（脚门、趟栊和大门）、水磨青砖墙面及花岗岩石贴脚，开创了广州地区采用饰面砖的先河。其室内装修不仅应用了木、石、砖雕、陶、灰塑、壁画、石景，还采用了玻璃漏花、铁漏花、蚀刻彩色玻璃等新工艺，反映了中西文化兼收并蓄的时代背景。

除三间两廊和西关大屋外，广府民居类型尚有竹筒屋。这是限于城镇建筑密集，朝街门面窄而向纵深发展的民宅，门面为单开间，进深一般为面宽的4—8倍，中间有多个小天井，建筑形如竹筒，故称。厅高约4米，常有夹层，称为"走马楼"。厅后是以天井隔开的房，房之间有侧廊或檐廊串联。后面是厨房浴厕。清末民初，随着钢筋混凝土传入，竹筒屋向多层发展，通常2—3层。

此外，旧时在沙田地区存在一类干栏式建筑，称为棚寮。清雍正七年（1729），疍民被朝廷"准其在近水村庄居住"，遂在墩边堤畔或半跨河涌搭寮栖身。每间棚寮面积10多平方米，以杉作柱，以竹作椽，以稻草或干甘蔗壳为上盖，稻草纹泥浆作墙，能用上杉皮的便算上好材料。一直延续到20世纪80年代，棚寮才得以大批地改建为砖房。现广州黄埔区、番禺区、南沙区等地仍可见到杉皮搭建的棚屋，有的是作为保留乡间风情的食肆，内部陈设则堂皇得多了。

（三）客家民居

客家民系的典型居住形态是聚族而居，重宗法礼仪，依山营宅，防御意识较强。其形式多样，常见民居，从简单到复杂有：穿堂屋，为一排单数间房子，中间开一个无后墙的厅作穿堂，厅两侧各间对称为住房，不另建大门和围墙；门堂屋，即一排三间或五间的房子，前面加围墙围成院落，围墙正中为门；锁头屋，正座横屋两侧加建竖向厢房，朝厅一面筑以围墙，门从侧面而入；上下堂，中间为天井，依堂屋开间数分别称上三下三或上五下五；三厅串，即三进屋，每进通常为五间；合面杆，由若干栋东西纵向的长列楼房组合而成，各列之间的天井朝东一端设门，依组合的楼房列数称为"两杠楼""三杠楼""六杠楼"，至多达"八杠楼"，较有代表性的是梅江镇泮坑乡六杠楼；寨围式，将数幢平房及水井等生活设施筑高墙围护起来，如梅县松口溪南乡的上、中、下寨与岗坪，平远的宝珠寨以及和平的乌虎镇等。

客家民系最有特色的住宅建筑是围楼（土楼）。修筑围楼的未必是客家民系，也有潮汕民系的居民。围楼建筑材料以夯土（混以黏土、细石、竹筋或稻草夯筑）发端，又有土坯砖，渐而发展到以花岗石、大青砖为建筑材料，注重于防风雨和人兽侵扰，十分坚固。广东客家围楼较为密集的是梅县、大埔、蕉岭、五华、兴宁、平远、丰顺以及深圳等地。现存最早的土楼，可以追溯到唐代。宋元较多，明代以后的更易见到，最盛时期是在清康熙初年至20世纪70年代期间。饶平一县，明清以来所筑围楼就有656个。

　　围楼依形制大体分为三类：圆形（包括椭圆、八角、弧形）、方形（包括长方形）、五凤楼（包括马蹄形、围龙式）。

　　圆形围楼大型者高达4—6层，20余米，少则单环，多则三四环。楼内多用木料构筑楼板和栏杆。现存者主要见于丰顺、大埔、饶平等毗邻福建地带。潮安也有圆楼（当地称为"寨"），居民是潮州人。保存较完整的代表性圆形围楼如：饶平三饶镇南联村道韵楼，明万历十五年（1587）建，以"古、大、奇、美"著称，是全国重点文物保护单位。该楼直径约104米，贝灰寨基高1米，以上为夯土建筑，墙厚1.6米。整座楼呈八卦形，卦间以巷隔开，楼内充满8的倍数——72间房、32口井、112架梯。围楼内广场中有两口井，象征太极两仪阴阳鱼眼。丰顺县建桥古围，明隆庆年间建，占地15780平方米，以麻石为墙基，灰沙夯筑。围寨内有三街十二巷及三座祠堂。大埔花萼楼，直径约76米，外环高三层，墙体全用石灰、土夯实而成。饶平县里秀楼，在三饶镇，始建于清乾隆二十八年（1763），周长183.6米，全部由贝灰建造，又名"灰楼"。大埔维新楼，椭圆形土楼，清同治三年（1864）建，占地1808平方米，楼高三层12米，全部墙体以糯米糊混石灰泥沙舂夯而成。

饶平道韵楼

大埔花萼楼

花萼楼内景

花萼楼大门

　　方形围楼俗称"四角楼"，有的又在"口"字总造型中变化出"图"字"富"字等特殊形状平面布局，多是正方形单环楼，楼体高的达三四层，一般首层为餐厅、厨房，不对外开窗，二层为仓库，三层以上为居室。楼内设水井、米碓谷砻等。大型方楼内有戏台、祖祠，有的还附设私塾学堂。

　　较有代表性的方形围楼如：梅县松源东兴楼，推测其建于北宋以前，占地约1400平方米，外墙高二层。兴宁市龙头寨，又名仙人揽鼓，南宋建，寨址在50米高山冈上，占地约5000平方米，用山石砌基，灰墙筑寨，高三层。蕉岭石寨围楼，又称方楼，建于明嘉靖年间，建筑面积1000多平方米，高三层13.6米，以三合土筑墙体。始兴县刘屋围楼，建于清代，四角设炮楼，厚2.35米的墙壁中留有一条宽1米、高3米的墙隙，填满沙粒，一旦为敌破墙，沙粒会自动填满被挖的空隙。始兴县满堂大围楼，全国重点文物保护单位，建于清道光十六年至同治

始兴满堂大围楼

二年（1836—1863），由中心围、上新屋、下新屋三座沟通的围楼组成，占地10800平方米。中心围分里外三层，中层四隅设角楼，二层以上砌以水磨青砖，四角以花岗石条石包砌，共计9厅、12院、6个天井和700多间居室。此外，还有饶平德馨堡、丰顺四角楼、五华联庆楼等。

围龙屋又称为五凤楼。围龙屋的整体平面基本上是一个大的椭圆形，主体部分为房屋建筑，屋前为长方形禾坪，再往前是半月形池塘。屋后是半圆形山坡或林地，称花台、茔背，俗称"屋背头"或"屋背伸手"。半圆形的伸手和池塘合二为一，象征太极的圆，融天地、阴阳于居宅一楼之中。建筑规模可大可小，一般称三堂二横。大型围龙屋有九堂六横式，须经数百年以上长期安定的旺族，且地形许可，才可能建成。围龙屋形状也有的不采用弧形而是一字横列，但屋后花台，屋前月池仍不变。围龙屋在客家地区现存较多，较出名的如：兴宁市西郊围屋，建于明代，是二堂十横四围围龙屋。梅县温公祠，建于明嘉靖十九年（1540），是三堂八横三围形制完整的围龙屋。清代有兴宁黄岭大刘屋、蕉岭九栋大屋、培养堂，罗氏大围屋，丰顺笃庆堂、大埔衣德堂、光禄第，揭西进士第，梅县花园楼、南华拔翠园、又庐、和平奉政大夫第，深圳龙田世居。大型围龙屋深圳大万世居、梅县世德堂，占地

兴宁黄岭大刘屋

1万多平方米。深圳鹤湖新居占地2.6万平方米，被国家文物局认定为全国最大的客家民居建筑物。

（四）潮汕民居

潮汕民居平面类型很多，最基本形式为"下山虎"和"四点金"，其他民居大多以"四点金"为基本单元加以组合发展而成。

"下山虎"，俗称"厝斗"。硬山顶三合院形式，正座明间为大厅，次间为大房，天井两侧各有小房（俗称"伸手"），小房之一常作厨房，小房下方以墙相连，正中开门。整座格局前低后高，因此也称"爬狮"。

"四点金"，四合院形式，门厅两侧各有一"下房"，天井左右有厢厅，天井上方大厅两侧各有一"大房"，大房与下房和厢厅之间各有小房，称"格仔"，天井四周屋檐下有回廊。有的横向扩大规模，大厅和门厅两侧各建两房或三房，称为"五间过""七间过"。有的纵向扩大规模，称为"三座落"，也称"三厅串""八厅相向"。以"四点金"为主座，在其一侧或两侧加建一称"花巷"的排屋，分别称为"单背剑""双背剑"。有的在主座后面加建一称"后包"的排屋，排屋规模较小，但都有厅房。也有更为灵活的组合，称"四厅相向""三壁连""四马拖车"等，外部轮廓则保留正方形或长方形，为较富裕人家所用。

"四马拖车"，以一座或若干座三进大厅堂为主体，两侧各两座"四点金"，外围及屋后各建有"花巷"和"后包"，形成对称平衡、结构完整的大规模宅第。宅屋规模特大、拥有上百房间并均朝向中轴线主体建筑的，称"百鸟朝凰"，为旧时大富豪大官宦人家所建。

潮州"下山虎"与
"四点金"民居

竹竿厝，布局狭长犹如竹竿，故名。厨房、客厅、住房、天井排列在狭长的空间。

寨，是一种集居式的住宅，在潮阳，称为"图库"。从平面上可分为方寨和楼寨，外围围楼的和客家民居的围楼一样。

涂（草）寮，夯土或以木、草织成墙体，屋顶架梁盖草，多为两房相连，一住房一厨房，也有三四房相连，多为海滨贫民所建。

潮汕地区历史建筑中存有一批府宅，被列为各级文物保护单位。全国重点文物保护单位潮州许驸马府，在湘桥区中山路葡萄巷，为北宋许珏府第，始建于治平元年（1064），后代屡有维修，基本保持原建年代布局，建筑梁架为明代风格，格扇装修及建筑布局有显著的宋代特征。许驸马府为"四马拖车"宅第，建筑面积约1800平方米，主体建筑硬山顶、穿斗式梁架结构，建筑材料以贝灰砂、砖、石、木材为主，墙体为版筑夯灰和青砖浆砌，后座正厅东侧两幅墙壁仍保留竹编灰壁。普宁德安里，为清代广东水师提督方耀府第，始建于清同治七年（1868），陆续经20年方建成，是占地4万平方米的巨型宅第建筑组群，包括"百鸟朝凤"式老寨、"四马拖车"式中寨和新德安里（新寨）三部分，三寨相连，外列护寨河。著名民居还有潮州黄尚书府、澄

普宁德安里远景

海状元先生第、潮安太卿第、揭东九军镇国将军府、揭西郭氏楼、潮州卓府、揭阳丁日昌府第等。

聚族而居使潮汕地区的乡村出现一批人口众多的村寨，代表性村寨如潮安象埔寨，始建年代不详，平面方形，面积25000多平方米。寨中保存宋、明、清代特征的建筑物，布局严谨，有"三街六巷七十二座厝，座座格局不相同"之说，据传寨中原有76口水井。潮安龙湖古寨，面积约1.5平方千米，始创于宋，围寨于明，繁盛于清，寨内"三街六巷"，宗族祠堂、名宦府第和商贾富绅豪宅有100多座。惠来荆陇寨，明末筑寨以避兵乱，平面圆形，寨墙周长3200米，墙高4.2米、厚1米，墙内设有高3米、宽10米的跑马道，设东西南北四门。还有惠来石寨、葫芦寨，潮安尚书寨、长远楼、四德寨、凤仪楼、八角楼，澄海永宁寨、盛安寨等。

（五）少数民族民居

广东世居少数民族有壮、瑶、回、满、畲等族，其中人数较多且较有其民居建筑特色的是瑶族。一些少数民族则因其分布形式为大分散小聚居，居住建筑与邻近汉族民系基本相同。

壮族民居主要分布在连山，习惯以一个姓氏或两三个姓氏的家族相聚为寨。壮寨多建于山脚缓坡，近耕地而不占农田，近水而不受水淹。民居分干栏式和院落式两种。干栏式住宅多为二层三开间，也有五开间和七开间的，设楼阁，常有抱厦。底层圈养牲畜，作厕所和堆放家具、杂物等；二层为居住层；阁楼作储藏之用。居住层四周往往顺势而延，另建望楼、排楼等。有的建有晒排，以供晾晒物品和纳凉。院落式住宅有前、中、后院式，前院式较常见。以三开间为主，正面附设两间小房，形成"三高两矮"格局。两厢房设阁楼，主要用于储存粮食。左右厢房设四间卧室，左厢房后半部是父辈住，前半部是未婚儿女住；右厢房前半部是父辈住，后半部为儿媳住。

连南南岗
千年瑶寨

　　瑶族民居主要分布在连南、乳源、连山等地。瑶族直至明代仍有穴居者，龙门蓝田等地今存70多处洞穴，是瑶族明代先祖居住遗址。罗定罗镜镇龙甘村今存有半地穴居处遗址，相传为明代瑶族居室。现代所见瑶族民居大都建在山坡上，称半边楼。有的是底层住人，阁楼上存放粮食及堆放杂物；有的是楼上住人，下面养牲畜放杂物。有砖瓦房、茅草房和竹木房。形制主要有明间多进式、单开间狭长式和横排自由式。明间多进式瑶居前厅宽敞，堂屋仅占后半部。神位设在厅堂屋正中，紧靠神位背面安排居屋，父辈居中，右侧为儿女房，左侧为子媳房，也有的在前厅安排一个厢房为子媳房或客房。火塘筑在堂屋右侧台地上。

　　瑶族居屋建筑物之间常设过廊用以跨越沟通。正面设吊楼，距地面2米左右，是瑶族青年男女恋爱幽会时"爬楼"之处。吊楼所属房间是少女闺阁。

　　瑶居以竹楼最具特色，为竹构干栏式建筑，凉台设于屋前或其他部位，十分雅致。在连南瑶族自治县的大坪乡马箭村、大掌村、火烧排村，及南岗乡南岗村、油岭村、横坑村瑶寨，保留有明清时期建筑的大面积瑶族民居，房屋多为单体建筑，泥土夯筑墙，杉树皮盖顶，猪、牛舍则为干栏式木构建筑。

（六）近代侨居

广东是著名侨乡，侨户大多数集中于珠江三角洲、粤东等地。第一次世界大战以后，海外许多华侨已从出卖劳力发展到经商致富，华侨普遍有落叶归根观念，加上一些侨居国初时不准华人在中国的妻子移居，因而出现了华侨携资回乡营建家宅，大量发展侨居的风气。侨居建筑形式或基本采取传统民居形式，也有基本采用或较多吸收西方建筑形式的。侨居的建筑风格，主要受以下因素的影响：

首先，建筑风格与华侨在海外分布情况有关。如潮汕地区华侨主要居住在东南亚，基本保留国内的文化传统和生活习惯，因而潮汕地区侨居除了在新兴商埠汕头有更多西方文化情调外，乡镇侨居建筑多采取传

广东华侨聚居的美国唐人街

统形式。珠江三角洲、梅县地区的华侨在海外分布更为广泛，与西方文化接触更多，侨居建筑更多地表现出西方文化的影响。

其次，与华侨家乡的居住环境有关。在广州等沿海商业城市，居民意识比较开放，城市文化多元化，城区不断扩展并吸纳了较多西方生活方式，尤其是汕头、湛江等新兴商埠城市，传统文化基础没那么根深蒂固，民居建筑风貌不受拘束。而一些原来经济较为落后的地区，原有房屋十分简陋，也容易吸取海外的建筑材料和式样，甚而吸引了家乡不少富有人家、商人仿效，蔚成侨乡新貌。而在潮汕地区乡间，原来民居体系较为完整，就不易易帜改颜，不过，同样有外来文化的影响和融入。在集中控制传统格局的院落中，建立廊柱式小洋楼，门窗装饰采用西方风格，也逐渐蔚成风气。

再次，还与华侨家乡的生活条件有关。如碉楼实际上在粤中出现的时间是明末清初。按屈大均《广东新语》记述，这种碉楼建筑在明末清初已兴起于珠三角。民国初年，粤中乡间土匪盗贼蜂起，乡民利用已有的碉楼形式建楼房以御侵扰。1922年，土匪劫掠赤坎、开平中学时，被鹰村探照灯照射，四处乡团及时截击，截回被掠的校长及学生17人。此事轰动全县，海外华侨闻讯，纷纷节衣缩食，集资汇款建碉楼，建碉楼之风大盛。台山全县碉楼盛时达5000多座。

侨居的建筑形制五花八门，十分丰富，大体可分为传统型、外来型和中西合璧型。传统型主要表现在屋顶形制（如有的是前西后中）、室内布局以及局部装饰上。外来型又大致分为碉楼式和别墅式侨居，前者分布在乡间，后者则城乡均有。还有一类骑楼式侨居，兼有商业店铺之功能，主要分布在城镇。

碉楼式侨居主要分布在粤中四邑（今江门市）地区，也见于广州的花都、番禺、增城，中山，深圳，佛山，东莞等地。据不完全统计，江门地区现存碉楼尚有2400座，仅开平一地就有1460座，以平面方形为主，高度一般为六层左右，一个村子多则几十座，少则三四座，星罗棋布，蔚为大观。建筑风格主要体现在顶层，有传统的硬山顶，也有古

开平碉楼

罗马穹隆顶、英国式、西班牙式、法国式、德国城堡式、土耳其伊斯兰教堂式、葡萄牙式、美国式等等，千姿百态，无一雷同。碉楼顶层四角设有被称为"燕子窝"的枪眼，有圆形、长方形或T字形。顶上多设有瞭望台，不少还设有火药炮、铜钟、报警器、探照灯等设施。有的楼内首层设一口水井，便于居住固守。现存碉楼中较为出名的有开平赤坎鹰村迓龙楼、芦阳村迓龙楼、冲奕里吉安楼、长沙跃龙楼，新会司前镇熏楼，东莞禄音楼，增城新塘镇瓜岭村的宁远楼，花都坪山乡勋庐等。

别墅式侨居主要分布在珠三角和梅州。在珠三角的，仿效外来成分较多。广州别墅式侨居主要集中于东山。据1941《广州概览》所载，"东山本为郊外一村落，以广九铁路经此入市，欧美侨民，有的在铁路附近卜居者。民国以来，建筑西式房舍日众，遂成富丽之区"。现今尚有不少分布在农林上路、恤孤院路、培正路、新河浦路等地，宅前多设庭院或前廊，墙体多用红砖清水墙面（勾缝）。较为出名的侨居，如中山翠亨村孙中山故居，建于清光绪十八年（1892），是孙中山亲自设计建筑的砖木结构硬山顶楼房，占地500平方米，建筑面积340平方米，两层楼房上下各三间，中间为厅，左右耳房，房前为七个廊拱的走廊。又如佛山简氏别墅，在佛山汾江区人民路臣总里19号，为著名华侨巨商简照南于民初所建，原规模颇大，现存门楼、主楼、后楼、西楼和储物楼及花园的一部分：主楼及后楼为二层仿意大利文艺复兴时期府邸式建筑，钢筋混凝土构筑；西楼为三层钢筋混凝土及青砖混合构筑的仿西洋式建筑；储物楼是按当地楼式建的四层建筑。

中西合璧式侨居是传统民居结构结合西洋建筑建造的混合型民居建筑。布局、内部装修与陈列以中式为主，门面较多吸收西方艺术装饰，主要表现在粤东侨乡民居建筑上。客家侨乡民居中，较为突出的有梅县白宫镇的联芳楼、程江乡的万秋楼和丰顺黄金镇的祥耀楼等。联芳楼建于1931年—1934年，所有主要材料均由国外进口，并从国外及汕头聘请能工巧匠100多名进行建造。该楼平面为三堂六横围龙屋，正面门楼为三座半圆形柱廊，中座柱廊高三层，顶部为三座穹隆顶钟楼。

澄海陈慈黉故居建筑装饰中西合璧

　　在潮汕地区出现部分和局部采用西方建筑形式或装饰手法的侨居建筑。澄海隆都镇泰国华侨陈慈黉故居，建筑群共占地25400平方米，总体布局依照潮汕传统民居"四马拖车"格式，建筑群四围是双层廊式洋楼。院落中"小姐楼"楼身为西洋楼式，楼顶是传统亭阁。三庐外观及楼顶天台西式，内部天井、厅房中式。建筑装饰采用各式西方柱头，檐梁花饰点缀英文字母。

四、祠庙宫观彰气势

（一）寺庙宫观

1. 寺庙

岭南是佛教从海道传入中国之初地。相传东汉末年已有僧人安清来到广州说法。[1] 东吴大臣虞翻流放广州，寓于原南越王室府宅，该处后舍宅为寺，寺名"制止"（今光孝寺），成为岭南史上见于文献记载的第一所寺院，说明岭南寺院建筑以宅院规制为始。西晋以后，由海路入粤的梵僧迭至，太康二年（281），天竺梵僧迦摩罗抵广州，于城中建三归、王仁二寺。东晋隆安时，罽宾国（在今克什米尔）高僧昙摩耶舍到广州，在制止寺相邻处创建王园寺（一说王园寺为制止寺译称），建起五开间大殿，此为岭南最早建佛殿记载。

南朝时期，佛教在岭南传播开来，广东先后兴建大小佛寺37所，集中于广州（19所）、始兴郡（11所）、罗浮山（4所）。其兴建多与西域僧人有关，反映了佛教自海路传入。刘宋元嘉初年，天竺僧求那跋摩取道始兴北上入京，将始兴虎市山改名龙鹫山，辟建佛寺。刘宋年间，广州已建有宝庄严寺（今六榕寺）。梁武帝初，天竺僧人智药经广州上曲江，发现宝林胜境，地方长官奏请朝廷获准建宝林寺（今南华寺）。此外，还有中国僧人兴建的寺院。南梁普通元年（520）僧贞俊、瑞霭在今清远飞来峡云台峰创建至德寺（今飞来寺旧寺前身）。民间传说轩辕帝两个庶子太禺和仲阳施展神力，使安徽舒城的上元延寿寺一夜之间乘风飞来峡山，透露出这一时期佛教建筑形式可能是从东南地区传入粤北的信息。此时也出现官府主持兴建的佛寺。南梁广州刺史萧誉在罗浮山上建南楼寺（今延祥寺前身），罗浮山上又创建有萧寺（今资福寺前身），寺院建筑接踵而起，成为岭南一处佛教发祥地。

唐代，岭南佛教盛行。六祖惠能创立禅宗南派，渐而被公认为正宗；中外佛教文化交流中，有不少高僧交汇于此，带动了佛教建筑的兴

---

[1] （南朝梁）慧皎：《高僧传》。

建。加之地方官倡导、民间信佛风气浓化及僧众鼓动，寺院建筑被推向高潮。据不完全统计，唐代广东有寺院105所。禅宗开宗之地的韶州有25所，"寺最众，僧最多"[①]；广州中外交往频繁，禅密荟萃，有寺院19所；在唐中后期经济、文化得到较快发展的潮州，寺院有18所；六祖出生地新州及罗浮山所在的循州，分别有12所和11所寺院；佛教也传入雷州半岛一带。这一时期创建并香火延续至今的名寺，有潮州开元寺、潮阳灵山寺、新兴国恩寺、梅县灵光寺等等。曲江南华寺、广州光孝寺在唐代也有扩建。

五代时期南汉王朝崇尚佛教，据不完全统计，广东境内，以国都兴王府和韶州为中心，新建寺院就有45所。

宋元时期，佛教在岭南继续发展。广州六榕寺重建于北宋，光孝寺在南宋历经重修。南宋靖康年间，僧琮结茅居湖光岩，此后雷州半岛寺庵迭起。

明中叶以后，禅风复振，肇庆庆云寺、新会叱石寺、徐闻华捍寺、兴宁和山古寺先后落成。岩寺开辟始于唐代，以明代为盛。仅潮汕一地之岩寺，现存就有20余处。明末清初，一些反清志士遁身空门，在粤北、粤中建有一批寺院。著名者有仁化丹霞寺、广州海幢寺等。清初四帝有意倡佛，广州"五大丛林"，除光孝寺外，华林、大佛、海幢、长寿等寺都是这个时期扩建而成的。净慧寺也进行过多次重修，形成了广州佛教寺院的园林化模式。岭南各地建佛寺风气至于极盛。

民国初期，新学兴起，寺宇既废者无以修复，存者也有不少被毁拆。广州的五大丛林无一完全者。除鼎湖的庆云寺尚能保持香火之外，各地寺院也日渐衰废。20世纪30年代之后，佛教有所复兴，各地修复了不少寺院。梅州在清光绪年间有寺庵52所，至1949年增至110所。到1949年年底，全省有寺庵870多所。就建筑而言，则大部分年久失修，民国时期建的寺庵也多粗制滥造。

---

① （宋）余靖：《韶州开元寺新建浴室记》。

悠久的历史，使广东佛教建筑保留了许多早期建筑风格，如光孝寺较多地保留南宋建筑风格，肇庆梅庵在铺作中使用早期木结构。广东现存佛教建筑，历代多有修缮，总体格局、建筑构件、雕刻装饰等往往有多个年代的代表性，为了解这些建筑的时代变迁和风格演化提供了绝佳的实物样本。这些著名佛教建筑中，广州光孝寺、肇庆梅庵、曲江南华寺、潮州开元寺被列为国家级重点文物保护单位。

广州光孝寺，三国吴时为制止寺。寺名屡易，至南宋易名光孝寺，沿用至今。东晋时始建大殿，至盛时有十三殿、六堂、三阁、二楼及僧舍云台等，方圆几及三里，现存面积3万多平方米。南北中轴线有山门、天王殿、大雄宝殿、瘗发塔。其西有大悲幢、鼓楼、睡佛殿、西铁塔等，其东有达摩古迹洗钵泉、钟楼、伽蓝殿、祖堂（六祖殿）、东铁塔等。大雄宝殿重檐歇山顶，抬梁穿斗混合式梁架，保留宋代建筑风格，面阔七间，进深六间，建筑面积1104平方米。黄琉璃瓦面，灰塑

广州光孝寺

广州六榕寺

龙船脊。伽蓝殿为明弘治七年（1494）重建。瘗发塔始建于唐仪凤元年
（676），据说是惠能削发受戒后埋藏头发之处。东西铁塔是南汉时期
铸造。1980年后，光孝寺大规模重修、重建。

广州六榕寺，始建于南朝刘宋，初名宝庄严寺，南梁时于寺内建
舍利木塔。北宋初，寺、塔俱焚，端拱二年（989）寺重建，绍圣四年
（1097）塔重建，易名千佛塔。因苏轼手题"六榕"匾，清代始称为
六榕寺。明洪武初年，寺院大半被改建为永丰谷仓，仅存千佛塔和观
音殿，增筑皇觉殿。今存殿堂房舍多为清代以来重建、新建，现占地
7000多平方米。山门内进依次为天王殿、花塔、大雄宝殿。南侧有碑
廊、客堂、观音殿、六祖殿、功德堂，北侧有友谊殿、解行精舍、密坛
旧址及1994年新建藏经阁。六祖殿供奉北宋端拱二年（989）铸造六祖
铜像。寺内有历代碑记十余通，最著名者为唐王勃《广州宝庄严寺舍利
塔铭》。供奉于大雄宝殿的三尊6米高铜佛像和观音殿4米高观音像，为
清康熙二年（1663）铸造，原置于大佛寺。

曲江南华寺，南朝梁天监元年（502）始建，梁武帝赐额"宝林
寺"。唐代，禅宗六祖惠能在此弘法36载，被后人称作南宗祖庭。北宋

开宝元年（968）重修后赐名"南华寺"。1934年重修，将平面四合院布局改为阶梯式中轴线布局，现建筑面积1.5万平方米。主要建筑有中路的曹溪门、放生池、五香亭、宝林门，中有天王宝殿、钟楼、鼓楼、大雄宝殿、藏经阁，后有灵照塔、陈亚仙墓、六祖殿、方丈室，寺后有卓锡泉。1990年以后大规模进行建筑工程，包括占地面积5万平方米、建筑面积3万平方米的大型建筑群曹溪讲坛等。寺内古建筑有：始建于宋代的灵照塔；建于元代的钟、鼓楼，鼓楼内有南汉千佛铁塔一座；始建于明代的玉林门；清代重修的天王殿、移位重建的元代大雄宝殿，面阔进深均七间，重檐歇山顶，殿内正面塑三宝大佛像，各高8.31米，左右壁及后壁泥塑彩绘名山大川和五百罗汉像；建于清初而重修于民国的藏经阁。寺内珍贵文物有六祖真身像，此像以惠能肉身为基础，以夹纻法塑造而成。我国现存唯一宋代木雕五百罗汉像，系广州雕刻，现存360尊，其中有154尊身上刻有铭文，相貌姿势无一雷同，显示出雕刻技艺之纯熟。

　　潮州开元寺，相传前身称荔峰寺，唐代始称开元寺，宋以后经多次修葺。现有面积1.1万平方米，不及极盛时的三分之一。中轴为金刚殿（即山门）、天王殿、大雄宝殿、藏经楼。东西两侧建有方丈厅、地藏

曲江南华寺

阁、观音阁、祖堂、伽蓝殿等。山门外有照壁。天王殿面阔为传统木构建筑之最高规格的11间，进深4间，建筑面积807米，推测其为南北朝时期建筑平面遗构。天王殿以版筑贝灰沙夯墙代替末间屋架，整体性能好，斗拱为最古老最原始形式的樀斗，柱上共安有12个圆形瓣式檐斗，屋架上是层层叠叠的铰打叠斗。金刚殿则为明代建筑。大雄宝殿重檐歇山顶，月台与附阶共嵌有78块石栏板，其中有唐宋遗构，有持朴刀的猴行者像，具有研究孙悟空形象演变的重要历史价值。寺内还有唐代石经幢、宋代阿育王石塔、元代石雕香炉、明代木雕千佛塔等珍贵文物。

肇庆梅庵，创建时间一说为北宋至道二年（996），一说为五代。明清历经修葺，1979年重修。梅庵依山势而建，占地面积5000平方米。现存主要建筑有山门、大雄宝殿和祖师殿，山门左前方有六祖井。山门及祖师殿为清道光二十一年（1841）重建遗构。大雄宝殿创建时为三间单檐歇山顶，后增建两边山墙，改为硬山顶。这座建筑在开间、梁架、铺作等方面保留了北宋及以前的建筑特点。

新兴国恩寺，始建于唐弘道元年（683），原名报恩寺，神龙三年（707）唐中宗赐名"国恩寺"。明隆庆元年（1567）重建。四进院

肇庆梅庵

新兴国恩寺的
六祖手植荔枝树

落，建筑面积9200多平方米。寺前有珠亭、镜池、"第一地"山门牌坊。寺内以天王殿、大雄宝殿、六祖殿为主轴，左右两侧为地藏王殿、达摩殿、文殊普贤殿、大势至殿、四配殿及钟楼、鼓楼、方丈室、客堂、斋堂、沐身池、禅房等。寺左侧为报恩塔、六祖手植荔枝树、观音殿、功德堂；寺右侧为六祖父母坟、挹翠亭、思乡亭等。"第一地"山门牌坊建于明万历年间，坊上镶嵌着明末石湾瓷塑"龙虎汇"，是岭南现存最早的石湾瓷塑之一。大雄宝殿内有8件唐代莲花覆盆石柱础。

梅州灵光寺，创建于唐咸通年间，原名圣寿寺，明洪武十八年（1385）重建，易今名。清顺治十年（1653）大修。现占地面积约6000平方米，主要由山门、佛殿、罗汉殿、诸天殿、经堂、斋堂、客堂、三柏轩、钟楼、鼓楼等建筑组成，多为明清所建。1980年修葺，佛殿又称波罗殿、大殿、祖师殿，重檐歇山顶，殿内屋顶有斗八藻井，以8根大圆木柱支撑，由120条木质龙头组成，龙尾向上集结为螺旋形圆穹顶，工艺独特，结构严谨巧妙，俗称菠萝顶。寺内香火旺盛，寺外不见一丝香烟，殿后古木参天，殿顶不留片叶，可能与菠萝顶结构有关。

2. 宫观

道教传入岭南，应始于晋代。西晋南海郡守鲍靓，在今广州越秀山南麓建越冈院，为三元宫前身，是岭南有记载的最早道官。东晋咸和年间，葛洪入罗浮山炼丹著述。他在罗浮山择地建四庵，分别为今白鹤观、黄龙观、冲虚观、酥醪观。当时人烟稀少，建庵只为修炼之便，当是些简陋茅寮。

道教宫观建筑规模远不及佛教寺庙，大致有三种类型：一是利用佛寺建筑，例如唐武宗灭佛，曾将广州乾明法性寺（今光孝寺）改为西云道宫。宋大中祥符年间，曾将广州开元寺易名天庆观（元、清分别易名玄妙观、元妙观）。宣和元年（1119），天宁万寿禅寺（今光孝寺）再次改为道观。二是利用民居住宅为道馆，承接法事，兼具商业性质。三是专门营建的道观，本文记述的属此一类。1950年全省仅有道观14所，至2000年有72所。其有代表性者如下：

广州三元宫

广州三元宫，依山建于越秀山麓。西晋南海太守鲍靓建道院越冈院，唐代改为悟性寺，明万历年间重修，称三元宫。现存建筑为清代以后重修。山门为清乾隆五十一年（1786）所建，门前有40余级石阶。主体建筑三元殿为清同治年间重建，歇山顶绿琉璃瓦剪边，殿前拜廊卷棚顶，两端与钟、鼓楼相连，是因地制宜的体现。三元殿后为老君殿，东侧为客堂、庙堂、旧祖堂、吕祖殿，西侧为钵堂、新祖堂、鲍姑殿。宫内有鲍姑井和人体穴位图碑刻。

广州纯阳观，依山建于漱珠岗上。道士李明彻建于清道光年间，占地万余平方米。现存山门、灵官殿、拜亭、大殿、朝斗台。山门有清两广总督阮元题额和潘仕成撰联"灵山松径古；道岸石门高"。朝斗台为李明彻夜观天文之所，是广州地区仅存的古观象台，花岗石砌筑，高二层，台上原有亭阁无存。

广州五仙观，建于坡山，始建年代不详，至明洪武十年（1377）

广州五仙观

五仙观门前的
明代石麒麟

迁建于今址。原颇具规模，现仅存头门、后殿和东、西斋部分建筑，占
地面积约5000平方米。头门门匾刻清两广总督瑞麟手书，门前有明代
石麒麟一对。后殿重檐歇山顶，面阔三间，进深三间，琉璃鳌鱼宝珠瓦
脊，是广州市保存较好的明代木构架建筑，保留明代早期建筑手法，殿
内脊檩底部有明嘉靖十六年（1537）重修字样。五仙观牌坊在原址复原
时，采用了原有台基、夹杆石、柱础等构件，保留了传统样式。观内有
北宋至清末重修五仙观石碑10方。观后为明代建筑岭南第一楼。

佛山云泉仙馆，建于西樵山白云峰西北麓。清乾隆四十二年
（1777）建，原名攻玉楼，因馆内有小云泉得称云泉仙馆。道光二十八
年（1848）扩建，光绪三十四年（1908）重建，占地面积1233平方
米。主要建筑有大殿、前殿、钟鼓台、祖堂、墨庄、帝亲殿和后殿厢房
等。门额为清两广总督耆英书。木石雕、陶塑、壁画俱精。

博罗冲虚观，建于罗浮山麻姑峰下。东晋咸和年间，葛洪修道炼丹
处，始称南庵、都虚，后改为冲虚观，晋义熙初始为祠，唐天宝年间
扩建为观。宋元祐二年（1087）哲宗赐"冲虚观"匾额。清代迭修，
1985年重修。建筑包括山门、三清宝殿、葛仙祠、黄大仙祠、吕祖祠、

博罗罗浮山冲虚观

斋堂、库房等。山门屋脊为石湾名陶工吴奇玉所塑双龙戏珠及花木楼阁大型彩色陶塑。山门两侧围墙上下布满彩绘、浮雕。正殿正脊、垂脊皆饰有花木楼阁彩色陶塑。观内有青石砌长生井一口，相传为葛洪炼丹取水之用。

博罗酥醪观，建于罗浮山，创建于东晋咸和年间，为葛洪修道炼丹处，称北庵。清康熙年间重建，1929年重修。三进四合院布局，占地2700平方米。前临荷塘，观内建筑有山门、正殿、配殿、蓬莱阁以及道士宿舍、库房、膳堂等。

惠州元妙观，始建于唐天宝七年（748），初号"朝元"，后改"开元"，北宋赐号"天庆"，元代改称"玄妙"，明嘉靖改今名，1987年修复。观内建筑依次为山门、祭台坛、玉皇殿、三清大殿及紫清阁遗址。右廊为包公庙，左廊为客堂。清宣统元年（1909）重建左右两路建筑，左路为寮房、三元殿、北帝殿；右路为花圃、客堂、观音殿。仅硬山顶山门尚保留明代建筑特点。

清远飞霞观，始建于清宣统三年（1911），历十余年陆续建成。傍山叠建，六级布局，有建筑100多间。由飞霞洞山门，向里依次主要有三教殿、古佛圣真殿、无极宫，两侧为务本家塾、博雅闲居、养性楼、福寿居、康宁所、藏经阁、道房等，后山沿径建有轩辕黄帝祠、宝镜亭、关公庙（桃源静室）、凤凰楼、修行精舍、长天塔等不同形状的建筑。

清远藏霞仙观，清同治二年（1863）始建正殿，同治八年（1869）以后，两侧陆续加建水月宫、三圣殿、报本祠、紫桂庐、养真庐。山门建于清光绪元年（1875），1919年扩建洞门，大总统黎元洪题"名山洞府"石额。观前有畅幽、盥漱、甘露、观海亭及"藏霞善径"、"藏霞古洞"石坊。

（二）坛庙祠堂

1. 概况

坛庙和祠堂，是用于祭祀神灵或祖先的场所和建筑。《史记》记载，汉平南越之后，越巫勇之向汉武帝进言："越人俗信鬼，而其祠皆见鬼，数有效。"汉武帝听信越巫勇之的话，"乃令越巫立越祝祠，安台无坛，亦祠天神上帝百鬼，而以鸡卜"。[①]由此观之，岭南原已有祭天神上帝百鬼之祠，并建有无坛之台，即是露天的简陋台子，祭祀之风由来已久，甚至为中原所仿效。广州横枝岗发现的南朝砖墓前就设有专门烧制的砖砌祭台。[②]

秦汉以后的祭祀活动，分别在宫廷、官府和民间三个层面上进行，这三种层面的祭祀在广州都有其场所及建筑。

---

① 《史记》卷十二《孝武本纪》。

② 广州市文管会考古队：《广州沙河顶南朝墓清理简报》，《广州文博》1989年第3期。

　　一是朝廷的祭祀场所。隋开皇十四年（594），隋文帝诏令在广州黄木湾建南海神庙。此处原建有祭海神的小庙，一说始于晋代，一说始于南梁，至隋代确立了皇家神庙地位。唐天宝十年（751），唐玄宗封南海神为"广利王"，规定每年派中央大吏祭祀，在庙内兴建了明宫斋庐。历代皇帝选派专员岁祀，延至清代，因而一直保留隋唐时之宏大规制。五代时期刘岩称帝，建都广州（改称兴王府），"祀天南郊"，在广州河南建祭坛。同治《番禺县志》称："祈雨坛在河南龙尾乡，又呼'龙道尾'。"祈雨坛前原来依照唐宫含元殿前建有龙尾道，后传称为

广州南海神庙

"龙道尾"。今唯留地名遗迹（在今广州海珠区）。

二是官府的祭祀场所。官府的祭祀对象，一是自然神，如山川日月雷电风雨；二是地域神，如社稷、城隍；三是先贤名宦，如夫子庙、名贤祠。宋元时期的岭东，官府对祀典非常重视，"准令州县长官到任，亲谒社稷，点检坛壝，若春秋祈报，非有故不得差官"，"郡邑通祀，以社稷为重，风雷师次之，其为农祈谷则一也"。①明洪武年间，诏封天下省、府、州、县城隍之神。清雍正年间，诏令各省守土大臣到京师迎奉龙神，回省建龙王庙奉祀。这类神庙，自然是官府修建，而且建筑规制等级分明。为维护封建礼教威严，官府对民间自发建造的诸多"淫祠"则加以禁废，但对一些在地方影响大，在百姓心目中有威信的神祇，则予以合法化。韩愈贬潮时，曾撰《祭界石神文》，并派人到庙行"少牢之奠"。《永乐大典》对文题加注："或言即三山国王"。在雷州，有雷祖祠，官府每年要率民众依时以祀，为雷司行开印、封印之礼。甚至连桂林不下雨，也派吏员到雷州求雨。这些受官府认可的祠庙，规模当然也较大。如雷祖祠屡修屡拓，至清代占地7000平方米。雷州为南方小郡，有庙规模如此，不可谓小。

三是民间的祭祀场。民间祭祀的对象，一样是自然神、地域神、先贤之类，只是更具民间色彩。岭南民间的多神崇拜，造成了坛庙的密集芜杂。惠东县平均不到5平方公里就有一座寺庙，且多集中于平海所城周围。平海镇方圆1.36平方公里，竟立有城隍庙、龙船庵、东岳庙、龙泉寺、榜山寺、普照庵、谭公庙、觉明洞、觉连庵、东庵、白衣庵、铁炉庵、张飞庙、关帝庙、圆星庙、龙山庙、龙国阁、大王宫、天后宫等名目繁多的庙宫庵坛。岭南濒临大海，河涌纵横，交通贸易与航运有很大的关系，民间神祇中的水上之神具有特别显贵的地位。海神奉祀南海神、天后妈祖，河神则奉祀龙母。妈祖本出自福建莆田，迅速传入广东并广为传播，备受崇敬。宋代刘克庄谓："广人事妃，无异于

---

① 陈香白：《潮州三阳志辑稿》卷六。

广州南沙天后宫

莆。"①明清以后，珠三角一带几乎村村建有天后庙，江河码头乃至内地山区一样立庙祭祀，也有一地而建有多处天后宫的。广东各地现今尚有天后宫（庙）百余处，闽粤交界处的南澳岛，就有15处。珠江口的深圳赤湾天后庙，是广东最大的天后宫，始建于宋代，明永乐年间重新修建，建筑宏丽。清代"凡渡海者必祷，谓之'辞沙'，盖以庙在沙上也"②。始建于明崇祯元年（1628）的佛山栅下天后宫，在天后宫的中堂之后"建公馆堂寝，为乡人及众商宴集之所"③，成了商贾及各界人士聚会宴集之场所。

　　民间祭祀场所的另一类型是祠堂。主要是宗族祠，也包括非官府建立的名贤祠。名贤祠奉祀的，有本地先贤，如张九龄、崔与之、余靖、李昂英、陈子壮等，还有入粤名贤，如赵佗、马援、韩愈、包拯、周敦

①　（宋）刘克庄：《到任谒天妃庙》。

②　（清）范端昂：《粤中见闻》卷五。

③　（明）李待问：《栅下天妃庙记》。

潮州天后宫

颐、文天祥、陆秀夫、张世杰等。潮州韩文公祠为国内规模最大、年代最早的纪念韩愈的祠堂。北宋广州知州蒋之奇在广州建十贤祠，以礼拜清节廉正、受百姓仰怀的地方官，匡正风气。在雷州也建有十贤祠，祀贬居、路过雷州的十位宋代先贤。封建礼教开化较早的地区，名贤乡宦祠就越多，《潮州市志》所列潮州城区已废名贤祠达44座。有的祠堂所祀名贤并非固定不变，乐昌韩泷祠，汉代始建，是为了纪念伏波将军马援，称伏波庙、将军庙。尔后，为表彰桂阳太守周昕开通九泷十八滩河道功绩，改名"周府君庙"。又再后，为纪念韩愈过此，改祠名为"韩泷祠"，祀韩愈，配祀马援、周昕，还加上送子娘娘、土地山神，成了众神之殿。潮阳棉城东山方广洞南山坡建有灵威庙，又称双忠祠，祀唐朝忠烈张巡、马远。传说文天祥抗元抵潮，曾谒庙并赋《沁园春》词。潮阳境内的双忠庙尚有十余座，或称双忠古庙、二圣庙、双忠祠，可见民间对忠烈之虔敬，官方也乐于推动。家族宗祠也有以始祖为先贤者，高州洗夫人庙、增城崔太师祠，都属于这一类。

　　为数众多的岭南居民祖上是南迁移民，南迁后聚族而居方能安身创

岭南祠堂

业，宗祠成为族人祭祀、议事、举行婚丧大礼的重要场所。广东地区建立祠堂的最早记载，是肇庆渡头梁氏，于南宋嘉定十三年（1220）"鼎建祠堂，设立蒸尝"①。实际上岭南开始兴建宗祠的时间，肯定在此之前。新会张氏在北宋庆元元年（1195）的《安祖遗书》中就有蒸尝的记述。②见于东莞中堂镇横涌村黎氏大宗祠的明代立祠碑，称祠初建于宋，明清重建。有的同姓大族还在省城大埠建立祠堂，作为族人外出相助、赴考读书之所，称为合族祠。为避当局不允许这种联族之举，许多合族祠采用了书院之名，如广州陈家祠是全省72县陈姓合族祠，即悬额"陈氏书院"。大小马站所谓"书院街"，实为诸多合族祠汇聚地。屈大均《广东新语》中载："每千人之族，祠数十所；小姓单家，族人不满百者，亦有祠数所。其曰'大宗祠'者，始祖之庙也。"③可见岭南宗祠数目之盛。广州新滘镇黄埔村，清代最盛时，一村有30多座祠

---

① 嘉定十五年（1222）《渡头梁氏宗祠碑》，《肇庆文物志》，1987年印行，第97页。

② 见光绪六年（1880）新会张氏《清河族谱》卷一。

③ （清）屈大均：《广东新语》卷十七。

堂，"十屋一祠"，现存建筑尚有10多座。民国初年，佛山镇有祠堂378座，按兴建年代为宋代4座、元代1座、明代56座、清代93座、民国8座、未详年代210座。20世纪90年代尚存有446座。据20世纪80年代普查统计，开平尚存有祠堂446座，均建于清代、民国时期，其中清代为340座。潮安浮洋镇20世纪90年代有宗祠94座，建筑面积150—6627平方米不等，最早为宋代建的仙庭村侍御宗祠，此外明代建筑11座、清代65座、民国17座，最晚的建于1949年。宗祠建筑规制较严谨，采取疏密有致的布局、规整对称的结构，模式化的大门和广场。大型祠堂，按中轴线布置大门、享堂、寝堂，名宦世家或富商巨贾还往往在祠堂前增建照壁、牌坊、钟鼓楼，精美壮观。客家祠堂讲究风水，祠堂前一般有较宽敞的禾坪、照壁、半月形池塘，禾坪上竖起石旗杆或牌坊以事对科举功名的彰扬。上堂背后，一般要筑一座高于前面屋基的半球形斜坡，俗称"花头""花头茔""花台"。这种布局非客家祠堂所专有，但以客家地区为突出。《蕉岭县志》载，旧时方圆不足2平方公里的蕉城镇，就有附属于宗祠的36口池塘、几十座牌坊和不少石旗杆，20世纪90年代还有22处宗祠遗存。

祠堂与坛庙建筑是岭南工匠发挥其建筑装饰工艺才华的用武之地，装饰十分华丽。经典的坛庙、祠堂整座建筑上下内外遍饰木、石、砖雕，灰塑、陶塑工艺装饰品，富丽堂皇，琳琅满目，是岭南建筑民间工艺装饰之集大成范例。

2. 坛庙

广州南海神庙，又称波罗庙，全国重点文物保护单位。隋开皇十四年（594）奉诏建庙，唐代扩建，历代多次重修、拓展，四进近3万平方米，其布局仍可见唐代遗制。中轴线由南至北为"海不扬波"石牌坊、头门、仪门、礼亭、大殿和后殿。1986—1991年全面修复建设，维修仪门、复廊、浴日亭，重建大殿、后殿、礼亭和碑亭。庙内现存由唐到清古碑30余方，多为历朝御祭碑，并有东汉大铜鼓、明代铁钟以及古木

广州南海神庙
前的明代石狮

佛山祖庙

棉树两棵。东复廊有达奚司空塑像。庙西侧章丘上筑歇山顶浴日亭，亭内立有苏轼、陈献章诗碑。

佛山祖庙，全国重点文物保护单位。创建于北宋元丰年间，原名北帝庙，明洪武五年（1372）重建，景泰年间敕封灵应祠，明清以来修建、扩建达20余次。现存建筑大部分为光绪二十五年（1899）重建，占地3500多平方米，南北中轴线上设置万福台、灵应牌楼、锦香池、钟鼓楼、庙门、前殿、大殿和庆真楼等。锦香池为中心，池南为戏台娱乐建筑，池北为祭祀建筑。万福台为戏台，初名华丰台，建于清顺治十五年（1658），是广东现存规模最大的古戏台，以金漆木雕大屏风分隔前后。灵应石牌坊是十二柱三间四楼木石坊，建于明景泰二年（1451）。前殿建于明宣德四年（1429），地面以尺寸不一的长方形花岗石铺砌，接缝密致，传说缝隙灌铅填塞。大殿建于明洪武五年（1372），清光绪重修殿脊泥塑和陶塑，前檐斗拱保留了宋制。殿中供北帝铜像，重约2500公斤，铸造于明景泰三年（1452）。祖庙中陶塑灰脊、砖雕、木雕、石雕以及铜、铁铸像，集佛山建筑装饰工艺大成。祖庙中尚有清代塑造的24个干漆夹苎神像。

德庆悦城龙母祖庙，全国重点文物保护单位。始建年代无考，唐

德庆悦城
龙母庙

代有重修记载，历代不断扩修，现存建筑多为清同治至光绪年间集中两广及江西、福建工匠重建。建筑群由中轴线上的码头、牌坊、广场、山门、香亭、大殿、妆楼以及附属建筑碑亭、陵墓、东裕堂、客厅、书院等组成，总面积13000平方米。广场中的四柱三间五楼石牌坊，建于清光绪三十三年（1907），两侧分别连接2米高直根石栏杆，总宽35米多。山门石、砖、木雕都很精美。门前两塾立两根雕龙柱，盘龙栩栩如生。大殿又称龙母殿，重檐歇山顶绿琉璃瓦，斗拱结构与柱头铺作保留早期建筑特点。碑亭为八角重檐攒尖黄琉璃瓦盔顶。

雷州市雷祖祠，祭祀雷神、雷州始祖陈文玉，是全国重点文物保护单位。陈文玉为唐贞观年间本州首任刺史，多有政绩。祠于五代后梁乾化二年（912）始迁今址，历代有修拓。南汉大有十三年（940）增置两廊两门。明成化十八年（1482）在祠前立石坊。弘治八年（1495）扩建，绕以垣墙。万历三十二年（1604）大修，前后殿木材改用铁力

广州陈家祠

木，增置海北灵祠、两门楼、拜亭、钟鼓楼等。清代一再修建。现建筑占地7000平方米，三进四合院布局，主体建筑保留了明构形制。祠内保存乾隆御笔"茂时充物"匾及历代碑刻30多通。

揭阳城隍庙，全国重点文物保护单位。始建于宋，明洪武二年（1369）重建，明正德、万历、清乾隆年间及1993年重修。总面积2056平方米，四合院布局，主体建筑有牌楼、三山门、拜亭大殿和后殿。屋面、梁架结构等装饰嵌瓷、石雕、木雕等，构图繁丽精致。

3. 祠堂

广州陈家祠，又称陈氏书院，建于清光绪十四至二十年（1888—1894），现为广东民间工艺馆，全国重点文物保护单位。占地13000多平方米，包括主体建筑6400平方米及东、西、后院和祠前坪地。主体建筑是一组三轴三进六院九厅堂的建筑群，以中路最高大的聚贤堂为中心。厅堂、院落之间间以通花屏门，庭院幽深又明朗通透。大门两侧

陈家祠屋脊局部

青砖墙面三幅大型砖雕，每幅宽4米，高2米。门前分列一对大石狮和直径1.4米、连座高2.55米的抱鼓石。巨型木板门上绘有4米高门神。头门后金柱间横列4扇柚木屏门。中进聚贤堂上下遍饰精美工艺品。堂内12扇柚木屏门遍镂历史故事人物图案。屋脊石湾陶瓷雕塑长27米，高3米，共224个人物。后进堂内神龛有11个木雕花罩，神案长5米多。全祠建筑装饰集广东民间建筑装饰之大成，大量采用石、砖、木雕，陶、泥塑，壁画及铸铁等装饰工艺，共有11条陶瓷脊饰，灰塑总长1800多米，规模为岭南建筑之首。

沙湾留耕堂，全国重点文物保护单位。始建于元世祖至元十二年（1275），后经数次毁坏重建，现规模为清康熙年间扩建而成，三进，占地3434平方米。祠前有大池塘，竖列旗杆夹石。头门两侧为钟鼓楼。仪门是四柱三间三楼式木石坊楼，由6组如意斗拱承托歇山顶。中院左右建廊庑。拜厅前须弥座月台，束腰正面镶有15幅灰石浮雕。中厅象贤堂厅内有20根两人才能合抱的大木柱。拜堂和象贤堂相连，为蚝壳山墙。后厅留耕堂建于清康熙四十一年（1702），面积303平方米，陈白沙书堂匾。

江门陈白沙祠，全国重点文物保护单位。建于明万历十二年（1584），四进院落四合院式布局，主体建筑沿轴线排列，包括陈白沙祠木石牌坊（贞节牌楼）、春阳堂、贞节堂、崇正堂、碧玉楼等，占地960平方米。牌楼兴建于明万历三十九年（1611），为表彰陈白沙母亲林氏贞节事迹而建，四柱三间三楼式，坊额置四跳九踩重翘如意斗拱，为广东保存较完整的明代牌楼。

番禺沙湾
留耕堂

江门陈白沙祠牌楼

潮州韩文公祠。宋淳熙十六年（1189）迁现址，清代重建，1984年全面修缮。依山而建，是全国规模最大的纪念韩愈的祠堂，祠道有51级台阶，祠内环壁嵌有明清以来碑刻40多块。

开平风采堂，即余氏名贤忠襄公祠，为台山、开平两县余姓宗族为纪念先祖余靖而修建。建于清光绪三十二年（1906）至1914年。三进院落布局，总面积5364平方米。主体建筑风采堂和风采楼，大量运用石、木雕，陶、泥塑和铸铁等工艺装饰。三层风采楼楼顶为欧洲古城堡

潮州韩文公祠

式，是侨乡建筑中独具一格的祠堂建筑。

深圳信国公文氏祠，在南头古城内，为纪念文天祥而建，清嘉庆年间重修。由大门、过厅、堂屋组成，保存有明《宋文丞相传》碑、清重修碑记及《宋文丞相国公像》碑。

雷州十贤祠。南宋咸淳十年（1274）始建，祀先后谪居或路过雷州的十位名宦，文天祥曾撰《雷州十贤堂记》。清嘉庆九年（1804）重修，1984年重修。两进院落式四合院式布局。

（三）学宫会馆

1. 学宫

学宫与孔庙原有不同功能与形制。学宫为官方之学校，孔庙是祭祀孔子的殿堂。由于孔子地位不断提高，祭孔成为各类官学的重要仪式，唐代开始出现庙学合一，宋代尤其是南宋以后在南方推广兴建。遗存至今的有始建于北宋的新会学宫、高要学宫，始建于南宋的揭阳学宫、始兴学宫、增城学宫、韶州学宫、梅县学宫、兴宁学宫、化州学宫等。

元以后至明清时期，孔庙建筑群中轴线上发展成依次有万仞宫墙、棂星门、泮池、大成门、崇圣祠（启圣殿）等建筑，以及牌坊、碑亭、楼阁等配套建筑，还有祭祀地方贤达的乡贤祠、名宦祠，成为一种以弘扬封建礼教为宗旨的多功能的建筑群。庙学合一组合方式，大致有并列式、前庙后学式、中庙侧学式。附带的乡贤名宦祠，有在建筑中配祀的，也有扩大建筑组群修建的。这一时期的学宫遗存，较有代表性的有建于元代的德庆、吴川学宫，明代修建的番禺、海丰、潮州、饶平、徐闻、兴宁、长乐、新会、南雄、增城、高要学宫，清代修建的龙川、始兴、阳江、化州、揭阳学宫等。由于孔子和儒学在封建社会晚期达到至高地位，学宫成为地方规格最高的庙堂建筑。清代南海学宫面阔七间。化州孔庙，占地1万多平方米。罗定学宫现存仅中、西路，占地面积达6300平方米。阳江学宫是阳江地区规模最大的古建筑群。广州番禺学宫原西路建筑节孝祠、训导署、忠义孝悌祠、射圃、乡贤祠等今已湮没，尊经阁和东路的土地祠、儒学署等也已不存，仅剩下不完整的中、东两路建筑，占地尚有1.5万平方米；大成门正脊是石湾文如璧造的二龙戏珠琉璃脊饰，大成殿脊饰有光绪三十四年（1908）字样。新会学宫大成殿建筑面积达567平方米。

海丰学宫

为适应南方气候因素，岭南地区的学官尤其是主体建筑大成殿都建得高大宽敞，其建筑技术和工艺集中反映了当地最高水平。全国重点文物保护单位德庆学官的大成殿采用减柱法，明间四间圆形大木柱不到殿顶，被称为"四柱不顶"。700年来德庆学官大成殿经受90多次洪水冲淹仍挺然屹立。

学官大成殿注重艺术形象，富有地方特色。如海丰红官的屋脊和脊戗，采用精细的双龙戏珠琉璃装饰。兴宁文庙采用如意斗拱组装柱子，丹陛上雕有云龙浮雕。潮州学官大成殿斗拱装饰龙头、莲花、卷云刻纹。长乐（五华）学官正脊饰有一对飞龙，这种装饰为孔子至圣先师地位的体现。

2. 会馆

会馆初时是寄居京都的同乡为谋求共同福利而组织的社团及兴建的活动场所，也有的称为公所，渐而演变为同乡（省、府、县）或同行业者在京城、省城或国内外大商埠设立的机构，以馆址聚会或寄寓，具有联络同人、沟通信息、调解纠纷、照顾贫病乃至办学等多种功能。会馆兴建需要一定财力，最早设立会馆的是同乡商贾行帮。明中叶以后，全国各地出现不少商人群体——商帮，广东商帮是势力雄厚的十大商帮之一。会馆、公所成为商帮形成和发展的标志。广东商帮就地域而言，主要是广州帮（主要由珠三角各县商人组成）和潮州帮（主要由粤东商人组成），在都会要津乃至国外建立的会馆，主要是广州会馆（或称岭南会馆、广肇会馆、广东会馆）和潮州会馆。明万历年间，广州商人在苏州虎丘建立岭南会馆。明末，潮州商人在南京建立潮州会馆。清初，南海、番禺、顺德、新会商人在湖南湘潭建立会馆，后分为南海的粤魁堂、番禺的禺山堂、顺德的凤城堂、新会的古冈堂。后来，四县在汉口合建会馆，广州商帮在广西的戎圩、湖北的汉口、江苏的吴兴和北京、天津先后建立广东会馆。在苏州有新会冈州会馆。嘉应州的客家商人建会馆，有先远后近的足迹，在省内建会馆时间较迟且数量较少。在广

天津广东会馆里的
全木构戏楼

州的嘉应会馆建成于清光绪二年（1876），建馆碑记称："凡都会之
区，嘉属人士，足迹所到者，莫不有会馆，而于本省独无。"[1]在省内
的大商埠或要津也建有一批广州、潮州、嘉应会馆。清代，在苏州设有
宝安、岭南、嘉应、两广、潮州会馆。在上海的潮州会馆创建于清嘉庆
十五年（1810），比上海开埠早几十年。客家人于海外建会馆则较早
较活跃。如马来亚槟城的嘉应会馆建于1801年，是广东人最早在马来
亚建立的会馆。1805年，在马六甲建立的惠州会馆，也属客家人为主
的组织。适应手工业商品的发展，专业化行业公馆也产生和发展起来，
清中叶以后，在广州、佛山建立的行业会馆不胜枚举，诸如炒铁行、新
钉行、新华行、西华行、金丝行、筛择槟榔行会馆等。明代佛山仅有广
韶会馆见于记载，至清乾、嘉、道之间已是会馆林立。据不完全统计，

---

① 刘正刚：《广东会馆论稿》，上海古籍出版社2006年版，第229页。

手工业行会会馆有50处，商业行会会馆有38处。一些特殊的行业如戏班、乡兵、道巫等也设立行业公馆。外省商帮也在广东各大商埠设立会馆，诸如山陕、楚南、江西、楚北、莲峰、福建会馆，还有福建商人与潮州商人结帮建的福建会馆。

会馆大体上采用了祠堂格局，但也有充分显示其独特功能的建筑特征。在结构上，既有祭祀、议事之厅堂，也有供公众娱乐消遣的戏楼、花园，有的还设有可供寄宿、读书、存放棺木之处。为维护地域之门面，外观一般都讲究气派，并且汇聚本地建筑和装饰工艺技巧之精华，匾额及石、木刻楹联也由地方著名仕宦题写。今广州长堤大马路市第九中学内的潮州会馆，又名八邑会馆，清同治十三年（1874）建，现存硬山顶中殿及歇山顶礼亭，约300平方米，礼亭有四根雕刻精细生动的盘龙云纹石柱。因扩建康王路被整体平移至康王南路的绵纶会馆，是广州纺织业的行业会馆，始建于清雍正元年（1723），此后多次重修、重建，三路三进，占地700多平方米，镬耳山墙装饰有典型的岭南风格，

广州潮州会馆

潮州会馆礼亭中的盘龙云纹石柱

馆内保存了19方21块碑刻。光绪三十三年（1907）广东商人在天津自建占地2750平方米的广东会馆。南部为四合院，北部戏楼建筑面积约占会馆一半，充分显示会馆的聚会功能。瓦顶和墙体为北方风格，却做成岭南常见的阶梯状风火墙，内檐装修具潮州建筑风格，十分精致。尤其是全木构戏楼颇有特色：空间跨度大，净跨18米的观众席间不设一根殿堂金柱；舞台藻井用悬臂结构，外方内圆，以变形斗拱堆砌接榫，螺旋而上形成圆形藻井，成为回音罩。前台两角柱垂空不落地，形成伸出式舞台，为古典戏楼罕见；各种木构件遍饰生动精细的圆雕、浮雕。舞台中央帷幕上的"天官赐福"木雕，在灯光下熠熠生辉。戏楼后台正中的神龛，是潮汕地区祖宗祠堂神龛的缩制品。这一戏楼被誉为中国古典剧场的终结，也是岭南建筑与北方建筑交流整合的典型。该会馆现为全国重点文物保护单位。

五、岭南园林呈秀色

　　岭南园林与北方皇家园林、江南私家园林并列为中国传统造园艺术三大流派，其形成与岭南地理、历史条件密切相关。南越、南汉两个王朝曾两度掀起岭南王室园林建设高潮。南汉园林大量利用花、石的特色，为宋代皇家园林花石纲之滥觞。唐宋两朝的贬官入粤，使岭南公共园林得以兴起。元明清时期，岭南经济迅速发展，与外国的交往频繁，地域文化渐显特色并表现于各个领域，其中就包括园林艺术。元末明初"南园五子"在广州南园结诗社，明中叶"南园后五子"在广州抗风轩结诗社，明末清初诗人"岭南三大家"、清末"诗界革命"派、"近代岭南四家"诗派、近代"岭南画派"都对明清园林起过重大影响。明清广东私人园林星罗棋布，仅潮州府城就有30多处，足以说明岭南园林的历史及文化底蕴，粤中四大名园是岭南园林的杰出代表。岭南园林有其独特的艺术风格和造园技艺，其特点是务实、兼蓄、秀美：园林布局十分注重社会生活的实际需要，强调空

国画《十香园》

间宜居宜赏的自然适应性；兼容并蓄，既参考苏杭园林，又吸取西洋手法，景观因地制宜，善于融会贯通。除了晚清广州海山仙馆是有水面百亩的大型园林之外，一般具有规模小、景象精、意境深的特点，在园林建筑、叠山采石、植物配置等方面，无不精雕细琢，建筑畅朗轻盈，装饰精细华丽。岭南四季花开，终年常绿，林木茂盛，果树繁多，更使园林独具花卉飘香、树木成荫的南国特色，从园名荔香园、馥香园、十香园、杏林庄、六松园、梨花梦处等即可领会。岭南园林在近现代走上了社会舞台，在20世纪60—80年代，园林式酒家的兴起让岭南园林受到世人的瞩目，领导了中国园林的潮流。改革开放后，岭南园林又开创了中国园林的新奇迹，从主题公园、度假区园林，到住区园林，一次次地引领中国新园林的方向。

（一）苑囿遗址

岭南苑囿遗址主要有南越国宫苑遗址和南汉国宫苑园林。

岭南园林建筑，可追溯到西汉初南越王国时期。秦汉时期中原园林建设的特点是将帝王宫殿与园苑结合在一起，王宫苑囿广袤，建筑豪华，这对南越国有着直接影响。赵佗在国都番禺城大举兴筑宫苑，掀开了岭南园林的辉煌史册。

1988年在北京路新大新公司建筑工地发掘出印花阶砖铺砌地面130多米，出土物还有"万岁"瓦当，据专家考证，此为南越王宫苑之一部分。1995年在中山四路忠佑大街建筑工地发掘出南越国时期斗形池状石构建筑遗存，面积约4000平方米。池底地面用石板作冰裂纹铺砌；垫土层中发现一木质渠管，推测是用来给斗形池状建筑注水；南边斜坡砂岩石板上刻有篆体"蕃"字，为岭南地区发现最早石刻字，当为番禺城简称。1987年在中山四路市文化局大院发现三组平行的大木板，木板上竖立两两相对的木墩，有人认为这是造船工场遗址，也有人认为是南越王宫建筑的基础地栿。1997年在上述遗址南侧出土南越国御苑的石砌

广州南越国宫苑水池遗址

曲渠，水渠一端为弯月形平面水池，池中竖立两列1.9米高的大石板。室底有叠压成层的几百个龟鳖遗骸。渠底铺设石板，板上铺排灰黑色卵石。曲渠近西端有长1.3米的大平板石桥。这是中国现存最早的御苑遗迹，被评为1997年全国十大考古新发现之一。南越国宫署御苑遗址是全国重点文物保护单位。

南汉国定都广州（改称兴王府），尽南海之富以自奉，在兴王府城内外进行了持续半个世纪的宫苑、园林、寺庙建设。欧阳修《新五代史》称刘汉有"宫苑使"专司此事。梁廷枏《南汉书》谓刘汉王朝"作离宫千余间"。屈大均《广东新语》则谓"三城之地，半为离宫苑囿"。"三城"指宋代广州由子城、东城、西城组成，用以作广州城代称。由此可知，南汉国宫室之多，为十国中少见。在兴王府城，宫苑园林多集中于越秀、白云两山及城西南、城南，大略分为南宫区、昌华苑区（时称荔枝洲）、西御苑区、甘泉苑区。南宫区利用天然谷地，在城南凿成西湖，亦称仙湖，又称药洲，其得名，一说因刘岩聚方士炼药其

广州南汉药洲石景

中，一说因其中遍种芍药，一说为别体字"御洲"之讹称，第三说较为可靠。药洲景以石取胜，又称石洲。药洲园林主景为湖、洲，配景为花、石，石以九曜石为主，古代名人多有在这些石上留题，今人对九曜石石刻和文献初步摸查，得历代碑刻石刻97种，尚存81种。其中宋代就有28种，元代2种。药洲遗迹是我国现存最早的古代园林地面遗迹，也是一处富有历史、书法艺术价值的古代园林胜迹。南汉宫苑重视花、石特色，对后世岭南园林风格有深远影响。

（二）私家园林

三国吴时，虞翻谪番禺，在番禺城东北郊南越国赵建德故宅地居住讲学，多植苹婆、诃子树，其宅又称诃林、虞苑，其后此处又改作制止寺（今光孝寺），是岭南私家园林、寺庙园林之滥觞。

岭南私家园林在吸收、融汇中原造园文化的同时，逐渐形成自己的

北海长岛石

风格。民间园林从肇始时就显示出以岭南花木取胜的特色。唐代诗人曹松《南海陪郑司空游荔园》诗道出荔园景色："叶中新火欺寒食，树上丹砂胜锦州。"南汉兴王府城中还有私人园林，"城中苏氏园，幽胜第一"，此园在今西关蕉园大街，蕉林是此园一大特色。

　　宋代，造园艺术迅速推广，以花木取胜的传统有所发展。私家园林主要设于官员衙署中或归隐仕宦府宅中。包拯知端州，在州厅建菊圃，"前有轩，累土为山，甃石为基，榜曰'烂柯天洞'"。惠州归善县有琼州安抚使李纯思建李氏山园，临江建潜珍阁，苏轼作《潜珍阁铭》，描述其"因石阜以庭宇"的造园意境。潮阳逸士吴子野从登州采得十三石，由海舶运回置于宅园岁寒堂，苏轼为之作《北海十二石记》。北宋名臣、时任广州知州的余靖《题寄田侍制广州西园诗》有"石有群星象，花多外国名"句，当时西园中有不少外国名花，是广州作为外贸大港城，中外文化交流频繁的反映。熙宁年间，欧阳修之表弟彭延年以钦赐钱帛在揭阳榕城石马山下浦口村兴造彭园，负山面水，左松右竹，建有四望楼、碧涟亭、赏月水阁等建筑，为北宋粤东第一座私家园林。以花石为重的岭南造园传统为后代传衍，清代佛山即有以石取胜的梁园，也称十二石斋。

　　明清为中国园林艺术集大成时期，私家园林更显诗情画意。私家园林之造诣和影响，在岭南园林中位居其上，其艺术风格融江南与北方园林风格，也吸收了一些西方造园手法。岭南造园文化尤其是理论落后于苏杭，始学扬州，后学苏州，起步有不少仿效江南园林风格之痕迹，后利用气候环境之优势，在造园中渐而突出明显的热带风光特色，并营造了一大批享有盛誉的私家庭园。明后期，园林式宅第多起来。陈子履在广州城东（今中山三路东皋大道）建大型园林东皋别业，"湖中有楼，环以芙蓉、杨柳，三白石峰耸其前，高可数丈。湖上榕堤竹坞，步步萦回，小汊穿桥，若连若断。自挹清堂以往，一路皆奇石起伏。羊眠陂陀岩洞之类，与花林相错，其花不杂植，各为曹族，以五色区分。林中亭榭则以其花为名，器皿几案窗棂，各肖其花形象为之"。"登其台，珠海前环，白云后抱，蒲涧、文溪诸水，曲曲交流，悉贯玉带桥而出。有彩舟四……湖尽，万松谡谡，直接赤冈山径而止。桂丛藤蔓，缭绕不穷，行者辄回环迷路"。[①]城西有吴光禄所筑西畴，梅花最盛。城西南花埭，即今花地，"居人以艺花为业，士大夫园林亦多在焉。楼台绣错，卉木绮交"[②]。在白云山濂泉坑一带还有陈子壮依山而建的云淙别墅。环绕面积百余亩的宝象湖，布楼馆十余所，园内大量种植松、梅、竹、柳和荔枝。在越秀山南麓，有在明李时行小云林基础上建成的继园。在小北门内有寄园。在河南有伍家花园（又称万松园）、天山书院。

清代岭南私家园林更为兴旺，风格已臻成熟。除了仕宦人家，还有富商所建私家园林，较为集中地分布在珠江、韩江三角洲。在粤东众多私家园林中，富有特色的有潮州莼园（下东平路黄宅）、中山路"猴洞"、廖厝围卓府，潮阳西园、耐轩，澄海樟林西塘，揭阳榕城丁日昌絜园、地都大莲南溪花园、揭西李氏花园、霖田依绿园，梅县黄遵宪人境庐等。这些园林共同特点是占地面积不大，精巧通透，与居宅庭院结合紧密，给人以开敞、宁静、幽雅的感受。珠三角的私家园林，在清前期呈现受江南园林影响较多的痕迹，渐而在花木种植、建筑形制及装

---

① （清）屈大均：《广东新语》卷十七。
② 民国《番禺县续志》卷四十一。

潮州莼园书斋一角

修装饰上显示出地方特色，多以以小见大、精巧玲珑著称，最为著名的有被誉为佛山明清三大名园的东林园、鹤园、梁园。清代粤中四大名园之顺德清晖园、东莞可园、佛山梁园和番禺余荫山房，皆于尺土寸地之上，精心经营。清代广州的西关、东关、河南得到开发，在新城区出现一批有田园风光的别墅式园林，如伍家花园、南墅等，带来一股清新风气。晚清时期，广州豪富建有一批豪华富丽的宅园，如十三行商四巨富之首的潘家，在河南乌龙岗之西河洲地开村立祠，建有占地甚广的私家园林，称"能敬堂"，园中有亭台水榭、奇花异卉、宝木珍禽，甚至不惜千金建漱珠桥、环珠桥、跃龙桥以利交通。潘氏子孙，在河南龙溪一带各自建的庭院、别墅、书斋，不胜枚举。志书所载的园林建筑主要有潘有为的六松园、南雪巢、橘绿橙黄山馆、看篆楼，潘有度的漱石山房、义松堂、南墅，潘正兴的万松山房、风月琴樽航，潘正衡的晚春阁、黎斋、船屋山庄、菜根园，潘定桂的三十六草堂，潘飞声的花语楼，潘正炜的清华池馆、听帆楼及其孙所建之养志园。

清代，广州园林向市郊新城区扩展。"广州城外滨临珠江之西多隙地，富家大族及士大夫宦成而归者，皆于是处治广圃、营别墅，以为

海山仙馆

休息游宴之所。"①在花埭（今荔湾区芳村花地）一带，曾有过连成一片的园林区。以今芳村大道为界，以北有醉观、醉红、翠林、纫香、群芳、留香、新长春、余香圃、评红等许多种植花果盆景的经营性园林，以南有诗人张维屏的听松园、画家邓大林的杏林庄、康有为的康园及富商潘氏的东园、六松园，何氏的恒春园、馥荫园等。在西关有君子矶、小田园、小画舫斋，名园荟萃，极一时之盛。

晚清富商园林，以潘仕成之海山仙馆最为出名。海山仙馆规模宏大，巧设地形，精心设计，宏大而不粗疏。园中广百亩许的大池，其水直通珠江，足以泛舟。担土取石造山，可以登高，以珠江之烟波浩渺为借景，山上建高数百尺的雪阁。临池建堂，左右廊庑回缭。水中建歌舞之台，音出水面，清响悦耳。小桥凉榭，轩窗四开，一望碧空。池中有五层白塔。西北一带，复有十余处曲房密室。园内遍植荔枝，荷花如海，环绕有数百步游廊曲榭，沿壁遍嵌石刻，皆晋唐以来名迹。室内陈设引进西方装修手法，大理石圆柱和地面，家具漆日本油漆、铺地天鹅

---

① （清）俞洵庆：《荷廊笔记》。

绒地毯、枝形吊灯等。海山仙馆在清同治年间废没，馆内刻石散失民间，现镶嵌越秀山原广州美术馆碑廊者，为其中《尺素遗芬》刻石59方，收有名流林则徐、吴荣光、邓廷桢等96人与潘氏来往手书。

近代广州私人园宅有荔香园、息耕园、钟家花园、十香园、息园等。钟家花园面积1300平方米，以名石时花分隔为景色各异的厅房，园内名石"一拳石"现存原址（愉园酒家）。坚寿亭旁太湖石今存广州蛇餐馆。在今海珠区江南大道怀德大街的十香园，是清晚名画家居廉、居巢兄弟居住、作画、授徒之处。园内种有素馨、茉莉等十种名花，因而得名。广东各地也建有一批有特色的宅园。晚清惠州名士张靖珊兴建于惠州城区的桃园，依山势而建，占地1000多平方米。后部园林区，建有花厅、望亭、金鱼池，种有桃、李、梅、兰及四时花草，园内石刻较多。番禺石楼镇大岭村有始建于清道光二十七年（1847）以前的陈永思堂花园，面积颇大，现残存面积3000多平方米。

清末民初一些宅园颇显岭南园林的特色。广州荔湾区环翠园，是光绪末年曾任云南大理知县的蔡廷蕙致仕回乡所建，园东南部建有仿意大利建筑风格的砖木结构两层楼"玻璃厅"，相邻则是仿杜甫草堂形式的望云草堂。宣统元年（1909）建的潮阳西园，假山以珊瑚石和石英石砌成，模拟海岛景物，山上建圆亭，山下水底有水晶宫，由螺旋石梯相通，梯间用天顶采光，正面用多立克叠柱装饰。1917年印尼华侨彭剑波所建揭阳地都南溪花园，所植为椰子、橡胶、棕榈、菠萝蜜等热带植物，颇有南洋情调。蒋光鼐在东莞虎门镇的故居荔荫园，建于1930年，是座西式别墅，栽满荔枝、龙眼、黄皮、番荔枝等岭南果木。在香山县的拱北、金鼎镇、唐家镇、前山镇（今均属珠海市）等地，官僚、富商私家园林规模较大，且有中西合璧特色。实业家徐润在上海致富以后，1909年派人在家乡营造占地1.7万平方米的宅园"竹石山房"，内部布局仿上海豫园，园内建有牌坊、凉亭、假山、石桥、黎公雨之祠等，还有玻璃楼。在前山镇，建于光绪十二年（1886）的陈芳花园，占地7.2万平方米，建有四座大型石牌坊，园内有亭、桥、莲池、石板

潮阳西园

路，还有家族墓地，种有桄榔、凤凰、紫荆等树木花卉。金鼎镇的栖霞仙馆，是富商莫泳如所建，面积1.5万平方米，是一处中西合璧的园林建筑。主体建筑斋堂仿上海太古洋行样式建造，二层混凝土结构，铺地瓷砖地板，镶彩色玻璃窗。门楼高三层，拱顶出尖，门前有一对西洋石狮，园内有喷泉、兰亭、茅亭、啖荔亭等，还有柴油机发电供全村照明。一些侨乡也有华侨所建宅园。开平塘口镇立园，是旅美华侨谢维立历时十年建成，占地1.1万多平方米，以桥亭或回廊将别墅区、大花园区、小花园区连成一体。1932年，广州国民政府常委兼中山县县长唐绍仪开风气之先，将其在唐家镇私家宅园捐献给唐家村为公园，写有"开门任便来宾客；看竹何须问主人"一联挂于园内。该园始建于1910年，占地3.4万平方米，依山面海，种有名贵花木和荔枝。主要建筑物有观星阁（天文台）、田园别墅（办公室）、暖房（花卉温室）、网球场、信鸽巢、石门坊和六角亭等。1982年扩建后改名唐家湾公园。

（三）公共园林

公共园林起源，一是名山胜地的佛寺园林，诸如在端州七星岩、鼎湖山，博罗罗浮山，蕉岭阴那山，韶关丹霞山，清远飞来峡，广州白云

135

与杭州西湖并称的惠州西湖

山，南海西樵山等处陆续建庙观，并开发景区，招徕香客；二是文人官吏在山川湖池修建亭阁廊榭，形成名胜风景区，如端州星湖、惠州西湖、潮州西湖、雷州罗湖等，成为民众乐于游憩之处，很有点公园性质。造园活动在唐代也传入岭南，广州荔园、连州海阳湖均为一时之胜。大规模的园林营建活动，至南汉登峰造极。惠州西湖早期叫郎官湖，因五代时起居舍人张昭面湖而居得名。北宋太守陈偁带领百姓筑堤截水，建六桥，起亭馆，筑荷花浦、归云洞，有苇藕蒲鱼之利，故谓之丰湖。绍圣元年（1094），苏轼贬居惠州，其诗为惠州西湖风景题品之始，更留下苏堤、白鹤峰故居等名胜，又助筑西新桥，葬爱妾王朝云于孤山，因使惠州西湖天下扬名。之后历代不断整治湖区、添建亭阁，至清代，惠州西湖园林建筑已包括寺观、祠馆、书院、宅园、亭阁、楼榭、塔冢等。陆续建成野吏亭、超然亭、望野亭、不相干楼、忆雪楼、逍遥堂，反映了建园者力求保持湖山韵味的超然情趣。清代《惠州府志》列出"西湖八景"，吴骞《西湖纪胜》又增其六，景名后来迭有更改，可见惠州西湖已成为一处有丰富景点的湖山园林。韩愈谪潮州时，在笔架山后辟东园，栽种垂柳，筑亭榭，在潮州开建园林之先。潮州西湖在唐代本是放生池，贞元三年（787）李宿在葫芦山南岩建观稼亭，南汉时沿湖边开山筑路。南宋时湖区屡经浚治，知州谢寻在西湖山北建渐入佳景亭、醉客方归庵、熙春园，知州林嶙开渠引韩江水入湖，扩展南北湖区，又在东西两岸开山凿石，建湖堤，植柳竹，架桥梁，始成名胜。明清以后增建亭台等建筑。葫芦山之南北原刻有北宋至明清历代摩崖石刻225处（现存163处），成为一处有丰富文化内涵的人文景观。"西湖渔筏"为潮州古八景之一。

清末，随着公民意识的启蒙、西方文化的传入，广州出现了一座近代意义上的公园，即在黄埔长洲建成的黄埔公园。公园门口悬挂有两广总督岑春煊题匾，可知其建于岑春煊离任的光绪三十二年（1906）之前，是中国近代最早建立的公园之一。辛亥革命后，孙中山指定将越秀山辟为公园。1912年倡植树造林，带头在黄花岗亲手植下四株马尾松。1918年，孙中山倡建第一公园（后称中央公园，今人民公园），随后在广州陆续出现了九处公园，数目居全国各城市之首，总面积达到32.6万平方米。这些公园，有的是利用市区或市郊风景名胜，有是利用原有的

广州黄埔公园今存八角亭

广州人民公园

衙署园林而建。第一公园就是在清初平南王府，后改为巡抚衙门的地址上建成的广州第一个城市公园。1929年，蒋光鼐调工兵兴建高州潘州公园，环人工湖建通和、偕乐、乐丰、浴沂、适、远瞻等亭，占地7000多平方米。

　　民国时期兴建的园林，有一类是纪念性园林，包括民主革命烈士陵园。最为突出的是在广州的黄花岗七十二烈士陵园、东征阵亡烈士墓、十九路军淞沪抗日阵亡将士坟园以及分布在先烈路一带的朱执信等一批其他民主革命烈士墓园。最为普遍的纪念性公园则是在汕头、江门、佛山、惠州、河源、紫金、大埔、东莞、化州等地建起的中山公园。还有江门在1920年兴建的占地6400平方米的白沙公园。另一类是酒家园林。有在茶楼之内布置园林式庭园的，也有酒家将建筑置于园林环境之中的。前者注重园林布局；后者建筑简朴，多为竹篱茅屋，讲究意境。直至20世纪50年代以后，酒家才逐渐改建成砖瓦建筑，茶楼与酒家渐而区别不大。

新中国成立后，政府积极整治原有公园，并大力兴建新公园。公共园林得到大规模发展，形成了纪念性公园、专题公园和综合性公园三大类公园。以广州为例，具有特色的综合性公园有以越秀三湖、流花湖、荔湾湖、东山湖、麓湖、白云湖、海珠湖等一批人工湖开辟而成或扩建的公园。广州的白云山庄、双溪别墅、泮溪酒家等庭园园林、大型园林佳作迭出。纪念性公园有广州起义烈士陵园，专题性公园有兰圃、文化公园、广州动物园、华南植物园、云台花园、雕塑公园、儿童公园等。改革开放以来，特别是1992年随着创建园林城市活动开展以来，配合城市建设发展，广东的城市公园在数量增长的同时，质量也有很大提高，出现了广州雕塑公园、香江野生动物世界、深圳锦绣中华、中国民俗文化村、世界之窗、欢乐谷，珠海圆明新园等一批各具特色的专题公园，还有集园林建筑大成的番禺宝墨园、东莞粤晖园。为参加国际园艺博览会创作的芳华园、粤晖园，享誉中外。

广州雕塑公园

进入21世纪，广东大力建设绿道，现称碧道，是公共园林建设的创新形式。至2022年，全省累计已辟出2900公里的碧道，连接城市滨水带到远离城市的溪岸树荫游步道，成为民众游憩的环境，将绿化与运动相结合，对于保护生态环境也起着积极作用。广州白云山"云中绿道"2021年春节完成北段建设，包括绿道主线以及配套的休息驿站、景观平台、登山电梯、登山步道改造、夜景照明等工程，建设栈道面积为4164平方米，驿站面积约447平方米，观景平台面积为1005平方米，林相改造面积20210平方米。碧道在恢复山水资源生态价值和人居价值方面发挥了重要作用。

（四）岭南名园

顺德清晖园，全国重点文物保护单位。旧址为晚明大学士黄士俊花园，清乾隆年间改建，现园中建筑均建于晚清。原有面积1000多平方米，1958年以后不断扩建，现面积为2.25万平方米。清晖园空间组合是

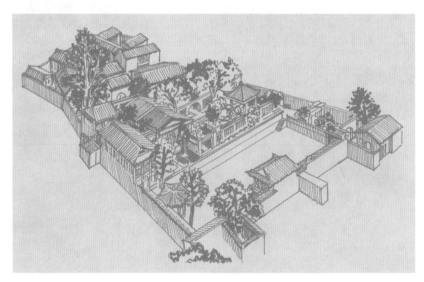

粤中四大名园之顺德清晖园

粤中四大名园之番禺余荫山房

通过各种小空间来衬托突出庭院中的水庭大空间，集古代建筑、园林、雕刻、诗画、灰雕等艺术于一体。"羊城八景套色玻璃雕刻"为国家一级文物。主要景点有船厅、碧溪草堂、澄漪亭、六角亭、惜阴书屋、竹苑、斗洞、笔生花馆、归寄庐、小蓬瀛、红蕖书屋、凤来峰、读云轩、沐英涧、留芬阁等。园内银杏、沙柳、湘白兰、紫藤、龙眼、水松等百年古木苍劲，还搜集栽种了苏杭、山东、北京等地树种，一年四季，葱茏满目。

番禺余荫山房，全国重点文物保护单位。又名余荫园，建于清同治六年至十年（1867—1871），占地1598平方米，是粤中四大名园中保存原貌最好的古典园林。园门楹联"余地三弓红雨足；荫天一角绿云深"，点出此园小巧玲珑的特点。园内以"浣红跨绿"拱廊桥为界，划分东西两景区。西区建筑物以荷池北深柳堂为主，池南临池别馆为辅。东部水池中有八角亭，称玲珑水榭，八面取景。水榭东南沿园墙布置假山，东北跨水建孔雀亭和来薰亭。余荫山房与南面紧邻的瑜园，北面相邻的邬氏祠堂今已汇通为一大景区。

东莞可园，全国重点文物保护单位。该园为晚清官僚张敬修所

141

粤中四大名园之东莞可园

建，占地2200多平方米，园中共1楼5亭5池6阁6台3桥19厅15房，回环曲折，设计精巧，把客厅、别墅、庭院、住房、花圃、书斋艺术地糅合在一起。入园后，可通过客厅到擘红小榭，循曲廊徐徐观赏，可见拜月亭、瑶仙洞、兰亭、曲池、拱桥以及园后"博溪渔隐"中的观鱼簃、藏书阁、钓鱼台、曲桥、小榭等。主体建筑可楼，高四层15.6米，底层为可堂，有桂花厅和双清室，顶层为四面明窗，可俯瞰全园胜景，眺望远近风光。

佛山梁园，是佛山梁氏家族大型庭园，兴建于清嘉庆、道光年间，由佛山富族诗书名家梁蔼如叔侄营造，包括十二石斋、寒香馆、汾江草庐、群星草堂等四组园林以及宅第、家庙毗连成片的建筑群。咸丰初年，达到"一门以内二百余人，祠宇室庐、池亭圃囿五十余所"的规模，此后仍陆续增建，为粤中四大名园中规模最大者。秀水、奇石、名帖，堪称梁园"三宝"。现存主体连同东侧宅第群和梁氏佛堂占地约3500平方米，1982年起按原貌修复。由于尽量使用同时代、同形制、同风格的古建筑材料进行修复，较好地恢复了古园原貌。

开平立园，全国重点文物保护单位。旅美华侨谢维立建于1926—1936年，占地面积1万多平方米，主要由别墅区、大花园区和小花园区三个景区组成，各景区间既用人工小河或围墙隔开，又以小桥、凉亭或通天回廊连成一体。别墅区有别墅6座、炮楼2座。大花园区以"立园"大牌坊和"身修立本"大牌楼为轴心进行布局，有井字形花圃，混凝土

粤中四大名园之佛山梁园

开平立园

结构罗马式碉楼（称"鸟巢"），其后为米黄色通花建筑，状如鸟笼，底部建金鱼池。大花园西南隅塔式别墅，称"毓培"。大花园四周曲径回廊，混凝土地下室有暗道与外相通。小花园与别墅区相隔运河上建虹桥相连，河上建跨虹阁与大花园相联结，园内以人工河和凉亭、白塔组成。

梅州人境庐，清末爱国诗人黄遵宪规划，建于光绪十年（1884），占地面积500平方米，建筑约180平方米。庐内建筑将中国传统园林式庭院与日本东洋建筑有机糅合在一起，筑有会客厅、书房、卧室、藏书室、无壁楼、五步楼、十步阁、息亭、花坛、假山等。黄遵宪亲自撰写对联"万丈函归方丈室；四围环列自家山""有三分水、四分竹，添七分明月；从五步楼、十步阁，望百步长江"，形象地描绘了故居环境。阁顶天台凭栏可眺望小溪流与梅江交汇处。庭内园圃花木茂盛，有黄遵宪手植夜合花。

澄海西塘，清嘉庆四年（1799）建有凉亭、书屋，光绪年间扩建，后迭有修建，成为粤东名园。西塘占地230平方米，面积不大，却是亭榭楼阁、假山莲池、客厅书房、园林花木莫不具备。虽仿苏州园林而建，却不失潮汕地区建筑特色。结合地形，分为居宅、庭园、书斋三部分。庭园遍植竹木，以曲折的水池为体，池北叠巨大的石假山。入山下岩洞，攀石级可达山顶重檐六角扁亭"碧螺亭"。亭旁立一小塔。园西部二层书斋，四周环绕小廊，上层可直接通往假山。

潮阳西园，建于清末，造山前曾用香屑塑成模型（据说曾送北京博览会陈列），占地面积约1330平方米。平面布局采用中庭"左宅右园"处理手法，建筑各自独立，又相互连贯。进门是开阔水池，遥相对应的是重檐六角亭。左侧两层钢筋混凝土结构楼房，正面装饰为多立克式叠柱。庭园有楼阁、山水、桥亭。假山用珊瑚石和英石混合砌筑，仿海岛景色，布出悬崖峭壁、弯曲堤岸、幽深海水。山下水底设水晶宫，属半地下室，透过玻璃窗可仰望庭园景致。从水晶宫有小道蜿蜒，通至螺旋梯登上山峰至圆亭。空间布局独特、中西合璧的造园手法，以及先进的技术手段，使西园在岭南近代园林发展史中占有重要地位。

芳华园，是广州园林局1983年受国家委托参加西德慕尼黑国际园艺展览而建造的样板小庭园。平面只有540平方米，运用江南园林的建筑空间及岭南园林的畅朗和水石花木，获得德意志联邦共和国大金奖和联邦园艺建设中央联合会金奖两项荣誉。入口前设照壁，折而见"入趣"门。围绕一池曲水，筑有曲桥、梅亭、船厅，幽兰铺地，茱萸垂叶，修竹摇影。展后在广州兰圃内北部山坡上按原样复制。

粤晖园，1999年10月在中国'99昆明世界园艺博览会上，由广东省政府送展，广州市市政园林局承建，获室外庭园"最佳展出奖"，既充分体现传统园林艺术，也体现中西园林结合特点。粤晖园占地3000平方米左右，划分为八景：六月船歌、壁石垂缨、花岛椰影、幽谷跳泉、葵潭琴韵、情溢珠江、画舫枕碧、南粤胜景。利用堆石形成多层瀑布景

广州粤晖园崖景

观，有三个美丽的裸女并肩坐于瀑布前面石上。下池中有一曲折的仿木石桥，池边有半圆形小广场。上池边有"枕碧"船厅，背后是花坛。展后在广州天河公园复建粤晖园景区。

六、亭台楼坊扬美名

（一）岭南名楼

汉代岭南已有楼阁建筑，出土的汉墓明器，以及考古发掘的建筑遗迹，都有楼房的实证。五华狮雄山汉建筑遗址中的回廊转角处构筑曲尺形角楼，其平面与古籍所谓楼"狭而修曲"①定义相符。文献记载赵佗接待陆贾建有越华楼，"在城西十里戚滘澳。《广州记》：南越王赵佗以陆大夫有威仪文采，为越之华，故即江浒作楼以居之"②。

在岭南，各个历史时期都建有一批令人注目的名楼。尽管已随岁月沧桑而废没，它们在岭南城市发展史、中外关系史、建筑文化史上的地位却不能抹煞。广州城南梁时建有城南楼，唐代有纪念开粤有功的赵佗之尉佗楼、越王楼。唐广州城南门，因门额"清海军节度使府"得称清海军门，城楼称清海楼。南汉时国都兴王府城内大兴殿宇建设，其中包括楼阁式建筑，如内宫昭阳殿，"琢以水晶、琥珀为日月，列于东西两楼之上"③，可见此殿有东西两楼。宫中还建有含章楼、凤仪楼等。刘岩登凤仪楼受俘，此楼当壮丽宏伟。

宋代，广州城内建有一批高楼杰阁。清海楼在唐末改建成双阙，宋代复改成门楼，因其有双门洞，称双门。上筑清海楼面阔七间，"规模宏壮，中州未见其比"④。在繁华的西城建有粤楼，南宋改称共乐楼，元代改名远华楼，"气象雄伟，为中州冠"⑤。镇南门外建有海山楼，每年五月五日经略使在此校阅水军教习，市舶司在此欢宴外商和海员。诗人洪适有《海山楼》诗，分别提到"百尺阑干""高楼百尺"。南宋时，陈岘在雁翅城上建了名为"番禺都会""南海胜观"的东、西城楼。在白云山上建有楼阁，李昴英有"白云捧拥到危颠，杰阁翚飞倚

---

① 《尔雅》。

② （清）仇巨川：《羊城古钞》卷七。

③ 《五国故事》。

④ （宋）刘克庄：《重建清海军双门记》。

⑤ （宋）王象之：《舆地纪胜》卷八十九。

广州北京路拱北楼遗址出土的抱鼓石

半天"①诗句。在旧府治后面城上（今越华路中段），建有斗南楼。此外，在市舶司建有达观楼，在石屏台（今华宁里）北建有翠云楼。潮州南宋时在韩江西岸建仰韩阁，砌石为基台，"隆栋修梁，重檐叠级，游玩览眺，遂甲于潮"②，时人赞其"势压滕王阁，雄吞庾亮楼"，不仅可观风景，还能"镇江流"。淳熙六年（1179），又在东门登瀛门右侧建"南州奇观楼"。

明代广州，建有相当数量的楼阁，如镇海楼、岭南第一楼、玉山楼、观海楼、奎翰楼、宝书楼、紫烟楼、敕书楼、览晖楼、宸翰楼、赐书楼以及在西樵山的远志楼，还有鉴空阁、海印阁、栖霞阁、莲须阁、晴眉阁、桂香阁、广朗阁、二妙阁及鸣弦阁，重建了双门底（清代称拱北楼）。其中以南"拱北"、北"镇海"、西"观海"、中"岭南第一楼"并称"广州四崇楼"，加上端州阅江楼、惠州合江楼，合称"东粤六楼"。各地也建了一些名楼，肇庆有丽谯楼、披云楼，韶关有风采楼、风度楼，江门有碧玉楼。明宣德十年（1435）大修潮州广济桥，在

---

① （宋）李昂英：《白云登阁》。

② （宋）张羡：《仰韩阁记》。

揭阳进贤门城楼

桥上建楼阁24座，一一命名，式样各异，形成楼阁林立之奇观。

明代各地大举筑城，修建一批雄伟壮观的城楼，遗存至今的佼佼者，包括广州镇海楼、潮州广济城楼（可惜20世纪90年代重修时失却原有明代建筑风貌）、揭阳进贤门、南雄南门城楼、惠东平海城楼、东莞迎恩门城楼、肇庆丽谯楼等。还兴建了一批钟鼓楼，现存有广州岭南第一楼、顺德大良钟楼、电白钟鼓楼、化州鼓楼等。在寺庙中建有钟鼓楼、藏经楼、观音阁，以及魁星楼、文昌楼一类楼阁。在广州的广东贡院内建有明远楼。广东各地，明清时期还建有民居土楼，平面有圆形、方形和长方形的，分布在粤北、粤东和粤西山区。

以下择要介绍几座现存的岭南名楼：

广州岭南第一楼，又称禁钟楼，全国重点文物保护单位。位于五仙观后部，明洪武七年（1374）行省参知政事汪广洋建，清乾隆五十三年（1788）重建。两层城楼式建筑，通高约17米。下层红砂岩石砌基座为明代遗构，中辟拱券门洞，贯通前后。上层为四面开敞的木构建筑，重檐歇山顶，绿琉璃瓦，悬一明代青铜大钟，重约5吨。钟底下有方形竖井下通门洞。

　　广州镇海楼，俗称五层楼，全国重点文物保护单位。位于越秀山，明洪武十三年（1380）始建，是广州北城墙制高处之城楼，建成时称望海楼。屡次修建，1928年改木结构为混凝土结构，砖石砌筑的外墙基本上为明代旧物。楼高五层28米，底层面阔31米，进深16米。东西面山墙及后墙现下两层用红砂岩条石砌筑，后墙三层以上为青砖墙。底层石墙厚近4米，以上逐层递减，侧面为塔式造型。复檐五层，绿琉璃瓦歇山顶，各层正面设檐廊，二层以上有栏杆。屈大均称"此楼其玮丽雄

广州五仙观后部
的岭南第一楼

广州越秀山镇海楼

肇庆阅江楼

特，虽黄鹤、岳阳莫能过之"[1]。

广州红楼，又名明远楼，为广东贡院。始建于明代，清代重修。宽深各五间，双层楼布瓦歇山顶，三柱穿斗式木构梁架。附阶周匝，二楼挑出腰檐平座。檐口有生起，屋面有举折，梭形柱有柱栌，斗有顄度。

肇庆阅江楼，全国重点文物保护单位。矗立西江河畔山岗上，史上曾为鹄奔亭，南宋改建为纪念石头和尚希迁的石头庵，明代扩建为嵩台书院，崇祯十四年（1641）正式命名为阅江楼。后圮毁于战火，清顺治十四年（1657）重建。二层歇山顶，分东西南北四座，楼间建回廊小阁衔接贯通，组成四合院式整体建筑。庭院设水池假山，四周栽米兰古树。楼前数十级石阶，两侧大石狮是南明桂王万寿宫遗物。大革命时期，以共产党员和共青团员为骨干，由共产党员叶挺任团长，成立国民革命军第四军独立团（通称"叶挺独立团"），团部即设在此。1959年阅江楼重修并辟为"叶挺独立团团部纪念馆"，朱德题馆名。

（二）岭南古亭

在岭南，用以观赏风光、点缀景物的亭子何时出现，迄今无考，但

---

① （清）屈大均：《广东新语》卷十七。

在西汉南越王宫遗址可以见到类似的地面遗迹。可以肯定的是，在岭南开发较早的城市中，亭子是一种重要的景观。唐代广州城北兰湖码头有节度使李岯建的余慕亭。贞元年间，潮州刺史李宿在西湖山建观稼亭，旨在劝农。连州司户参军王仲舒在海阳湖辟园林，建燕喜亭，韩愈贬任阳山令时撰有《燕喜亭记》。刘禹锡于元和十年（815）贬任连州刺史，增建吏隐亭、切云亭、玄览亭。连州至宋元有十二亭之盛，独有燕喜亭因名人名记而扬名，至今燕喜亭及始建于北宋的流杯亭尚存。

宋代建亭益盛。苏轼在惠州西湖朝云墓旁建六如亭纪念爱妾，成为西湖一景。他还为广州南海神庙浴日亭作诗，诗碑今立于亭内。潮州知州鲍粹于西湖山建有缅怀李宿的李公亭。陈尧佐任潮州通判时，喜到韩山的韩亭驻足赏景，又在城北金山麓建独游亭，以示不随波逐流之志向。陈尧佐权知惠州时，在城北榇山上建野吏亭，入朝之后，还念念不忘。名相李纲，被贬途经德庆，写下《豁然亭》《横翠亭》等多首诗。

连州燕喜亭

明清时期，建亭范围更广，有路亭、井亭、碑亭，陵墓、祠堂、庙宇、居宅、园林等处也建有亭。据《嘉应州志》所载，清代梅县城乡建有亭子233处。民国时期，尤以园林、陵园中建亭为多。

亭的门类，以功能划分，有点缀风景，供人游憩观光的，也有赋以纪念意义的。建筑造型多为平面四角、八角攒尖顶，也有歇山顶的。民国时期出现有十字脊顶，单檐为多，也有重檐的。有建于路边四面敞开的，还有名为亭而实际作为广场上的主席台、戏台之用的，此类亭子兴建于民国时期，如饶平黄冈丁未革命纪念亭。

现存名亭，有风景胜迹的，如广州南海神庙浴日亭，相传始建于唐代，历代文人墨客多有吟咏之作，今亭内竖苏轼、陈献章诗碑；汕头潮阳区棉城镇东山村水帘亭，始建于宋，明重建四角石亭，亭内凿曲水流觞石盘；乐昌市沙坪镇下沙坪村乐善亭，始建于清同治元年（1862），粤湘古道从两端山墙石拱门间穿行；佛山市南海区里水镇新联村北涌亭，始建于明弘治十八年（1505），清咸丰六年（1856）重修，是木石结构重檐歇山顶方亭，占地面积64平方米，全靠榫卯、斗拱承托；东莞市桥头镇蒲瓜岭东薰莱亭，又名凤凰亭，始建于明嘉靖年间，清

广州南海神庙西侧的浴日亭

代及2004年重修，砖石木结构两进，首进重檐歇山顶，二进单层歇山顶，后墙绘麒麟彩画；佛冈县汤塘镇南北要道苦竹迳路口三爱亭，清光绪十九年（1893）建，是三间并联的砖木结构硬山顶平房，亭内有9件石刻；连州市燕喜山燕喜亭，始建于唐贞元年间，民国重建，1980年重修。

纪念意义的，如雷州西湖公园内纪念苏轼的苏公亭，始建于明嘉靖十八年（1539），清嘉庆年间重修，匾联为清翰林陈昌齐手书；海丰五坡岭方饭亭，为纪念文天祥于此用饭之际被捕而建，明清多次修建，内外亭结构，内亭庑殿顶小石亭，完整保留较早风格，外亭重檐八角攒尖顶；饶平县柘林镇风吹岭东蝴蝶亭，明代为纪念抗倭女英雄梁玉而建，是四柱重檐歇山顶石亭，亭内立碑记述梁玉事迹；广州华南理工大学校园内为纪念刘永福在此扎营而建的刘义亭，亭中有邹鲁撰碑；饶平县黄冈镇中山公园黄冈丁未革命纪念亭，为纪念黄冈丁未起义而建；广州越秀山广州光复纪念碑，为纪念广州旅港同胞捐款支持辛亥革命而建，亭前有花岗石牌坊，胡汉民等人题匾；广州越秀山海员亭，为纪念香港海员大罢工胜利而建。

海丰方饭亭

（三）岭南古台

秦汉时期，岭南已出现台这一建筑。古籍所载及考古发掘遗址表明，这些台是秦平岭南以及南越国政治、军事活动的产物。始兴罗围村犁头咀汉城遗址有2米高台，残存面积700多平方米。文献记载，南越国"赵佗有四台"，即朝汉台、长乐台、越王台、白鹿台。[①]朝汉台是南越国隶属汉朝一统天下的象征性建筑物，早已不存，其所在位置，今人看法不一，但多数人认为在今象岗。越王台在越秀山，是赵佗张乐歌舞之处，台址近代尚存。白鹿台是赵佗猎得白鹿以志其瑞所筑之台，在新兴集成镇越王殿村，今存唐代庙宇遗址。在五华狮雄山发掘出汉代建筑遗址，面积1万多平方米，主体建筑位于岗顶东北最高一级平坦台地上，依地形修筑回廊，基址约1400平方米，考古工作者分析此处为长乐台遗址。

台的建筑在汉代以后逐渐减少，但仍有建设。建台目的，一是操练军马，学习礼仪；二是讲学隐居，如明代陈白沙在江门建钓鱼台；三是观赏风景，点缀名胜，如南汉王将越王台改为游台，道旁遍栽金菊、芙蓉，为皇家游乐处所。此外，广州漱珠岗纯阳观内朝斗台，是清道光年间道士李青来为观天象所筑，是广东现存唯一的古代观天象台，此台匾额为两广总督阮元所题。现存古台，有明代始建、后代重修的潮州凤凰台，明代始建、清代重建的江门钓鱼台，明代始建、民国重修的阳山韩文公钓鱼台。台之建筑形制，有以垒土、甃砖石为基，也有利用地形略加修整成基，台上建筑不拘一格，有屋馆、殿堂、楼阁、亭子等不同建筑物，发展趋势趋向简朴。此外，还有名为台而实为亭阁的。

另有一种类型的台是戏台，其出现与戏剧演出有直接关系，从广场平地演出、厅堂座席间演唱，上升到有一定高度的舞台上演出，由此才出现了戏台。岭南戏剧大剧种有粤剧、潮剧、琼剧、汉剧等，以

---

① 　（清）屈大均：《广东新语》卷十七。

广州纯阳观
内朝斗台

潮剧历史最为久远，由宋元南戏衍变而来。宋代，百戏传入，畲歌
聒舞等音乐戏曲为乡村城坊民间喜闻乐见，遂有敛钱搭棚演戏之风
尚。戏头"逐家聚敛钱物，豢优人作戏，或弄傀儡，筑棚于居民丛萃
之地，四通八达之郊，以广会观者；至市廛近地，四门之外，亦争为
之"①。搭棚演出之俗，至清末民初为盛，潮州游神，搭30多棚，遍布
全市。搭棚演出，在一些地方演化为固定的戏台。明清之后，戏台在
岭南各地渐而兴盛起来。一是神庙戏台，演戏与神诞娱神相联系，为
现存戏台之早期者，如建于明万历七年（1579）的南澳关帝庙戏台。
粤剧早期的红角则多从沙基北帝庙演戏而成名。二是庭园戏台，仕宦
望族在府第建筑戏台，择时聘戏演出以娱家人亲朋，如明代建的潮州
西平路尾波罗书屋戏台。清同治、光绪年间潮州城内卓兴宅后园戏
台、普宁方耀宅第戏台、潮州枫溪柯氏愚园戏台，这些戏台突出于厅

---

① （宋）陈淳：《北溪文集》卷十七。

外、三面看戏，日常则作为起居活动之阳台。清两广总督瑞麟则在衙内设台，随时聘演观戏。三是会馆戏台，包括戏剧行业本身的梨园会馆戏台，是会馆建筑的组成部分，为商务活动或联络乡谊而聘戏演出所设。会馆设戏台，以岭南建筑风格的天津广东会馆为典型，戏剧行业会馆则以佛山琼山会馆、潮州外江戏梨园公所为著名。至清中叶，戏台成为公共文化活动不可或缺的建筑，直至清末民初，营业性戏园开始出现，古戏台渐而衰微。

乡村、宅园的戏台较为小巧玲珑，结构简朴，神庙、会馆中的戏台则富饰华丽。南澳明代关帝庙戏台，三面为墙，后面有一大圆窗，演出时用帷幕隔成前后台，十分简朴。佛山祖庙万福台，既高且大，面积近150平方米，中间用一装饰有大量金漆木雕的隔板分开，前台演戏，后台化妆。前台三面敞开，演戏在明间，奏乐在次间。台高2米，台前空地可容纳观众看戏，空地东西各有两层廊，供士绅观戏。为适应舞台演出效果要求，有的舞台在台顶梁架结构等采取了工艺措施，如构筑斗八藻井、钟形木藻井。广州富商潘仕成宅园海山仙馆，在水面建戏台，台中作乐，音出水面，清响可听。

现存古戏台、戏馆，其重要者有：

南雄里东戏台，梅关古道穿街而过，戏台建在珠玑巷镇里东村街内官道寺（又称广明寺）内。碑记此寺于清乾隆四十年（1775）重修时建戏台，寺的大门临街，门内面朝院内建木结构戏台。戏台台面离地1.9米，歇山顶，八角藻井。

乳源镇溪祠古戏台，在乳城镇共和村宋田新屋村镇溪祠内，是两层高的厢廊，前为院坪，后为祠门。始建于明嘉靖年间，清代多次维修，2005年重修。面阔8.4米，进深6.5米，歇山顶，四角立木柱，内加筑四条砖柱支撑台面。木板台面净空3米，穿斗梁架，藻井彩绘云龙。

新会石戏台，在会城街道平安路，始建于明万历二十七年（1599），清乾隆二十五年（1760）改建，同治元年（1862）重修。

新会石戏台

石砖木结构，歇山顶，混合式梁架，面阔三间15米，进深两间11米。前部立四根花岗岩圆柱，明间为舞台，左右为音乐间，后台为化妆间。

建于清代的古戏台还有雷州韶山戏台、博罗天上园戏台、惠东烈圣宫戏台、城隍庙戏台及下排戏台。

（四）岭南牌坊

牌坊大致分为两类，一类为街道、衙署、寺庙、祠堂、学官、陵墓、园林的分界或入口的标志性建筑；另一类为表彰忠臣、孝子、烈女、节妇、善人义士，包括功名坊、道德坊的纪念性建筑。在岭南，这两类建筑都有。前者以文化发达的城市、名胜景地为多。如广州南海神庙前的"海不扬波"坊，明代易木为石，清康熙题匾，成为南海神庙的标志。后者以封建礼教气氛深厚之地为多，尤其是到了明清时期，封建理学之推崇登峰造极，立功名坊、贞节坊、人瑞坊为子孙殊荣、族人光彩、地方楷模，地方上乐于促成倡建。如广州城内有四牌楼，此处为城

159

中心街道，因明代于此处立有惠爱坊（纪念67位在粤有影响的粤籍与入粤仕宦名人）、忠贤坊（彰扬50位粤籍名人）、孝友坊（彰扬54位粤地孝友名人）、贞烈坊（彰扬56位贞节烈女）等四座牌坊得名。据《广州城坊志》记载，明清时期在此增立了九座牌坊，则有十几座牌坊，密集的牌坊群，是宣扬封建教化的标杆。在粤东潮州、粤西雷州等地都出现过数目甚众的牌坊群。潮州明清建牌坊据载有154座，集中于太平路（旧时府城大街）47座，散布于街巷50座，乡镇（大致在今潮安区范围内）57座。潮州城内最盛有牌坊近百座，城区平均每平方公里有牌坊29座。长仅1.6公里的太平路上，平均34米就立有一座牌坊，其数量之多、分布之密为全国罕见。这些牌坊均为石构，工程艰巨、工艺精巧，匾题均出自名家手笔。潮州旧谚"桥顶食炒面，城内看亭字"，将在广济桥上品尝名小食炒面与进城看牌坊（潮人称坊为亭）上的字相提并论，视为生活中的美好享受。1949年年底，太平路仅剩19座牌坊，1951年因"阻碍交通，废坠伤人"而悉数拆除。所幸拆除前均留下照片并对坊刻文字进行实录，部分构件由有关单位予以收藏，散失各处的后陆续部分回收。至2009年修复23座牌坊，成为国内最大规模的牌坊街。

民国期间，岭南仍有建坊之举，建筑材料为混凝土或石构。从功能上划分，有作为入口界标作用的，如位于今华南理工大学校门外的五间十二柱冲天式"中山大学"石牌坊，各柱为华表状，外侧下方有抱鼓石，其东面（今华南农业大学内）和西面（今东莞庄路）各有一座四柱三间冲天式石牌坊。更多的是以纪念为旨的牌坊，建筑上融入西方风格。在广州市先烈路的黄花岗七十二烈士陵园牌坊式四柱三间大门，上有孙中山题额"浩气长存"，面宽32.5米，气势恢宏。沙河顶十九路军坟场入口处的仿罗马凯旋门式牌坊建筑，高约16米，正面门额为林森书"十九路军抗日阵亡将士坟园"，背面门额为宋子文书"碧血丹心"。在长洲岛万松岭的东征阵亡烈士墓，入口纪念坊为花岗石砌筑三拱门，门柱特别粗大，周围镶嵌棕色陶瓷花边，棕色琉璃瓦顶，正面为蒋中正

广州黄花岗七十二烈士陵园大门

题额"东征阵亡将士纪念坊"。

　　岭南风大雨多，屹立无依的牌坊要抗风、抗震、防雷、防洪，需要高超的建筑技术。现存古牌坊，从建筑材料上分，有木柱瓦顶、石构和砖砌，前二者为多。从形制上分，有冲天式、门楼式，颇有规模大、外观复杂可观者。佛山祖庙灵应牌坊、东莞余屋村进士坊、大埔茶阳丝纶世美坊均是三间十二柱，江门陈白沙祠贞节牌楼、珠海前山梅溪牌坊采用三间八柱。采用多柱，既增强抗风性和整体稳固性，也使立面更为丰富美观。木牌坊中，江门陈白沙祠贞节牌楼、番禺沙湾留耕堂读书世泽坊、广州海珠区卫氏大宗祠坊、东莞余屋村进士坊、东莞茶山镇南社村百岁坊、佛山祖庙灵应牌坊、大埔奕世流芳坊，均采用如意斗拱，结构周密严谨，外观变化有致。石牌坊中，年代较早的有高明明城镇明城小学内的四柱三间冲天式牌楼，立于明成化十五年（1479）；揭东县炮台镇市头村的四柱三间四楼"跃禹门"坊，潮安县金石镇塔下村的四柱三间三楼"宗山书院"坊，均立于明正德

珠海前山梅溪牌坊

十二年（1517）。规模较大的有澄海东里镇新陇村的天褒节孝坊，高
15米，面阔10米，四柱三间三楼，清嘉庆十年（1805）立；大埔茶阳
镇学前街的丝纶美世坊，四柱三间三楼，额置如意斗拱，高12.5米，
明嘉靖三十五年（1556）立；乐昌庆云乡户昌山村的节孝坊，四柱三
间五楼，面阔8.7米，高10.7米，清道光九年（1829）立；珠海前山
镇梅溪村石牌坊，清光绪十二年至十七年（1886—1891）立，花岗
石砌筑，原为四座并立，现存三座，均为三间三楼庑殿顶，面阔10—
12米，高10—12米，堪称岭南石牌坊中的巨制。砖构牌坊，如阳春春
湾镇大洞村的莫氏红门坊，明万历二十三年（1595）立，清光绪年间
重修，四柱三间冲天柱式；湛江坡头区久有村贞孝坊，清道光二十二
年（1842）立，四柱三间三楼歇山顶；信宜平塘墟石印庙前四柱三间
三楼门楼，清咸丰六年（1856）立，柱头置如意斗拱；罗定罗镜镇牌
坊村翁氏节烈坊，四柱三间三楼歇山顶，清道光十八年（1838）立。
还有混合材料构筑的，如阳春石望乡铜陵洞古铜陵坊，明嘉靖六年

大埔茶阳"丝纶世美"坊

（1527）立，坊间拱门用大理石砌筑，两旁灰沙夯筑。遗存至今的这些牌坊，集中了建筑工艺精华，不仅有精美的雕刻装饰，还体现了恰到好处的力学结构，是岭南古建筑的瑰宝。

七、古塔凌空写春秋

（一）发展概况

最早见于文献记载的岭南古塔，是南北朝期间建于连州、广州、曲江等地的佛塔。旧志记载，南朝宋泰始四年（468）在连州建塔，但未述及形制。宋代，在旧址上重建今之慧光塔。南梁大同三年（537）建广州宝庄严寺舍利塔，是平面方形六层楼阁式木塔，与同期中原、江南地区建塔主流形制一致。唐王勃《广州宝庄严寺舍利塔铭》中提及此塔是在原有南朝宋塔基础上重建的，可见至迟至南朝宋时，广州已有建塔之举。

隋唐时期，岭南地区开始兴建砖塔、石塔、砖石混合结构塔。广东境内，今存有被指认的隋唐南汉塔12座，都经后代修建，未必保持原貌。较有名气的有广州怀圣寺光塔、光孝寺瘗发塔，仁化云龙寺塔，新会龙兴寺石塔，潮阳灵山寺大颠祖师塔等。云龙寺塔在仁化董塘镇安岗村，据碑记当建于唐乾宁至光化年间，为平面四方实心楼阁式青砖塔。广州光孝寺东西铁塔、曲江南华寺降龙铁塔、梅州千佛塔寺千佛铁塔，均是南汉大宝年间铸造铁塔，是我国现存最早有确切铸造年代的铁塔。唐代，被认为我国现存最早的平面八角形砖塔只有河南登封会善寺净藏禅师塔，且为单层亭阁式砖塔。今存光孝寺瘗发塔为八角形七层砖塔，形制更近宋制，其基座用砖规模与唐初古砖同，不排除后人重建此塔时采用原有唐砖。据文献记载，潮阳大颠祖师塔在唐宋时曾三次被打开，难以说完全保留初建时形制，但现时覆钟式形制，与敦煌唐代壁画中的窣堵波塔式及现存山西五台山佛光寺唐志远和尚墓塔相似，可见其一脉相承。粤北数座唐代楼阁式砖塔，塔身各面仿木构装饰与西安唐玄奘墓塔相同。广东现存有广州光孝寺大悲心陀罗尼经幢和潮州开元寺内佛顶尊胜陀罗尼经幢。光孝寺经幢刻有唐宝历二年（826）日期，形制简朴，塔基残存力士像壮硕雄健仍不失盛唐风采。潮州开元寺保存有四座唐代石经幢，殊为难得，从所刻经文可见是典型的密宗建筑。南汉遗留的铁塔，除反映出铸铁业高超工艺水平之外，还反映了当时流行塔式仍

潮阳灵山寺
大颠祖师塔

为平面四方以及浑圆饱满舒展优美的唐代雕塑遗风。东莞石构南汉象塔，其实是佛顶尊胜陀罗尼经幢，幢刹为阿育王塔式。

　　广东宋塔现存19座，其中砖塔15座，多为六角形平面，主要分布在粤北地区，仅南雄一地就有数座。南雄三影塔、许村塔、回龙塔、新龙塔、仁化华林寺塔、浰溪寺塔，英德蓬莱寺舍利塔，连州慧光塔，广州六榕花塔，河源龟峰塔为佼佼者。南雄三影塔保留了飘逸豪放的唐风，仿木构的砖构件精确复杂。六榕花塔为这一时期工艺技术进步之代表，其塔身高度直到明中叶之前仍居岭南古建筑之首，结构采用穿壁绕平座式。这种结构的宋塔在粤北宋塔中已见数座，对岭南塔式影响深远。宋代石塔风格各异。宝安龙津石塔原立于村西龙津桥上以镇水，塔身佛龛雕刻合十双手、握剑单手，下刻经文咒语，是佛塔向风水塔功能转变的早期实例。阳江北山石塔为实心楼阁式石塔，高17.87米，高度为广东宋代石塔之冠。元代石塔中，建于至正十年（1350）的南雄珠玑巷石塔以变化丰富的造型和精美传神的人物雕刻见长。建于至正十三年

南雄三影塔

（1353）的饶平镇风塔立于临海山麓，高七层20米，历600余年完整无缺，塔身上除佛像浮雕，还刻有风水吉祥之语，反映塔的功能之转变。新会镇山宝塔也被认为属元代建筑。

明清时期，造塔风靡岭南。明代以万历年间为高峰期，所建之塔约占岭南明塔一半以上。有清一代热衷建塔，较集中于康乾和嘉道年间。岭南明清之塔，基本为楼阁式，材料有砖、石或砖石混砌和夯土。楼阁式砖塔平面，粤中多为八角，粤北多为六角。除中山烟墩花塔、高明灵龟塔之外，多数不带副阶。出现了肇庆崇禧塔，广州琶洲塔、赤岗塔、莲花塔，惠州泗水塔，台山凌云塔，英德文峰塔，德庆三元塔等一批高度在40米以上、造型美观、建筑技术高超的佳品。石塔或砖石混构塔出现高度为岭南古塔之冠的高州宝光寺塔，还有潮州凤凰塔，梅县元魁塔，潮阳文光塔、涵元塔，东莞金鳌洲塔，新会凌云塔，海康三元塔等一批杰构。宝光塔、凤凰塔、三元塔的须弥座留下精美石刻。潮州三元塔各层塔心室藻井镌刻有各种祥瑞图案。明末，开始出现简化的平面方形或六角楼房式砖塔，不设平座或假平座，各层只设窗，层间只有极窄

高州宝光塔

之檐，唯屋顶、脊端、檐下作一些装饰，施工要比传统楼阁式简便得多，至清代发展成为珠三角一带一种普遍的塔式，称为"文阁"。这类建筑之精品，当推广州泮塘文塔、番禺大岭村大魁阁塔和香港文星塔、中山文昌塔。清代造塔虽多，其造型、装饰多已走下坡路，但也并非一无是处，成熟的地方工艺特色表现在建塔中。

明清时期，各地修建风水塔风气十分浓厚。潮阳文光塔，始建于南宋，称"千佛塔"，当为佛塔，明代重建改今名，塔门楹联为"千秋文笔振金石；百丈光芒贯斗牛"，俨然为文风塔。风水塔缘起，大体四种情况：一是壮景观，固地脉。如在广州，风水家分析："岭南地最卑下，乃山水大尽之处，其东水口空虚，灵气不属，法宜以人力补之，补之莫如塔。于是以赤岗为巽方而塔其上。"赤岗东面"当二水中，势逆亦面巽"的石冢上又建琶洲塔，在珠江口则建莲花塔"以束海口，使山水回顾有情，势力逾重"。[1]二是祈求文运，望出人才。一些地方将塔

---

① （清）屈大均：《广东新语》卷十九。

称为文阁、奎阁、魁星阁。清乾隆年间开平建有文塔，道光年间加高两层，在左近建"金章"阁，说是文笔之旁加一方文印，费尽心机。三是镇风镇水，驱邪造福。取下神性光环，其不仅反映了人类征服自然的良好愿望，也是先民的智慧结晶。明代潮州于涸溪汇入韩江急流冲刷处建涸溪塔，不仅为江船导航，还起着镇固堤岸、稳定河道的作用。这座高45.8米的九层高塔，下两层以条石砌筑，以上青砖砌造，塔顶铜质葫芦就有15吨重。数百年来，涸溪塔一直屹立江边保土护堤，恰似一座抗洪丰碑。四是聚财求富。粤北一些古塔据说为了财源广进，不封塔顶。中山石岐河畔烟墩山比马山低，当地人认此如渔网倾斜不能聚财，遂建文塔以敛之。也有文财并祈的，如广州从化区棋杆镇小坑村文昌塔，建于明崇祯年间，其一二层分别供文昌帝、财帛星君，最上层供的是魁星，反映"唯有读书高"的心态。广东现存明塔60多座，有一半建于明万历年间。明塔中的广州琶洲塔、赤岗塔、莲花塔，肇庆崇禧塔、德庆三

广州琶洲塔

元塔、高州宝光塔、雷州三元塔、潮州凤凰塔、惠州泗洲塔、五华狮雄山塔最为人所称道。现存清代古塔近300座，散布于全省十分之七的县（市），多属风水塔。

民国以后，建塔之风逐渐衰微。20世纪80年代以后，修复了一批毁损的古塔，重点修复具文物价值的古塔，并建有一批新塔，多数以混凝土建造。

（二）建筑技艺

岭南地区气候炎热、潮湿、多雨，加之洪水、台风、地震、雷击和人为损毁，以砖木结构为主的古建筑现存已不多了，其中广东清代以前古塔尚存400多座，数目之多、分布之广及文化价值之高，在其他类型古建筑之上。广东古塔被公布为全国重点文物保护单位的有：广州六榕花塔、怀圣寺光塔，仁化龙云寺塔，南雄三影塔，潮阳文光塔，河源龟峰塔，连州慧光塔。还有一些古塔是作为全国重点文物保护单位的组成部分的，如广州光孝寺内有南汉东、西铁塔，唐代瘗发塔；潮州开元寺内有宋代阿育王式石塔、明代楼阁式木塔模型；曲江南华寺内有重建于明代的灵照塔、南汉降龙铁塔；汕尾元山寺内有1981年重建的福星塔。现存古塔绝大多数为楼阁式塔，依地域分布呈不同外观，大致粤中、粤北、粤西一带多为砖塔，样式受中原地区影响，是标准的楼阁式塔，带腰檐、平座，比例匀称，略呈抛物线轮廓，华丽精致；粤东一带，多为砖石塔或石塔，样式受福建地区影响，不设腰檐，仅有平座，外壁直立，简朴凝重；粤中珠江三角洲一带的文塔，多为砖塔，不带腰檐、平座或略具腰檐，塔身收分不大，样式受皖南影响。从气质分析，相比雄浑的北方古塔，广东古塔显得纤秀；相比飘逸的江浙古塔广东古塔显得稳重。

与其他类型古建筑相比，广东古塔具有以下特点：一是古。广东古殿堂，现存年代最早是始建于北宋至道二年（996）的肇庆梅庵大殿和重建于元大德元年（1297）的德庆学官大成殿，已历多次修葺，唯形制依旧而已。而广东古塔尚有相传始建于隋代的新会龙兴寺石塔（现迁置新会西山），唐塔有多处，宋塔更多。元代也留下古塔遗构，明清古塔数以百计。据专家推断，广州怀圣寺光塔是唐太宗贞观元年（627）遗构，在世界伊斯兰教建筑史上具有极为重要的价值。广州六榕花塔前身是建于南梁大同三年（537）的华丽的大木塔，比中国建塔史上赫赫有名的洛阳北魏天宁寺木塔仅迟建20年。二是广。古塔遍布南粤，几乎各个县都有。三是精。塔是高层建筑，营造不易，造塔为一地盛事，设计、选材、营建无不精心而为。建于高陡山巅、急流险滩者，施工更是艰巨。现存最高古塔高州宝光塔，建于明万历四年（1576），在石砌基座上用小小的砖块叠砌起来，高达62.68米，与20层现代高楼等高，屹立鉴江西岸已400多年。南雄三影塔建于北宋，至今近千年，这座高50.2米的砖塔历经六次地震安然无恙。潮阳海门清代晴波塔，高32米，建于海礁之上，塔基石砌，塔身贝灰三合土筑成，在缺乏机械的情况下筑此海上高塔，又经得起百余年来风浪、地震的冲击和摇撼，令人叹为建筑奇观。广州花塔原塔基采用九井环列解决了地下水位高的问题，采用穿壁绕平座式，结构特别稳固。

（三）历史文化价值

岭南古塔不只是宗教的产物，也不只起着点缀山河作用，在它们身上也深深刻划下岭南历史发展的痕迹。粤北地区遗留为数较多的唐塔、宋塔，反映了岭北古塔建筑文化传播的早期路径。广州光孝寺东、西铁塔，分别为南汉后主刘铢、太监龚澄枢和女弟子邓氏十三娘联名铸造，可见南汉王朝大兴佛教以及宦官势盛之端倪。宋代名相吴潜曾贬居龙川县佗城镇正相塔下寺中居住，今寺已荡然无存，唯以塔指认寺址。南雄珠矶巷元代贵妃塔，是彼时为避兵祸移民浪潮的历史遗证。深圳宝安区龙津南宋古塔，是归德盐场沧桑的历史实证。东莞铜岭明代榴花塔，是南宋将领熊飞在此抗击元军的纪念塔。潮州葫芦山普同塔,是清兵屠城十万冤魂的公祭塔。位于珠江口的番禺莲花塔修复前,可以见到在鸦片战争期间英国侵略者留下的累累弹洞。顺德太平塔身上的道道弹痕,是抗日游击战士凭险抗敌的战斗记录。普宁乌犁塔内的灯光,是土地革命战争时期农民运动的火种。

在广州耸立着几座古塔,不仅是广州对外交往通商的标志,还是珠江河道南移、城市发展的历史地理坐标。怀圣寺光塔,是唐代来华贸易聚居"蕃坊"的阿拉伯人所建的伊斯兰教礼拜塔,还起着导航引渡、祈测风候、夜间照明的作用。宋代重建的净慧寺塔(即今六榕花塔),不仅是登临胜地,更是珠江航道重要标志。南宋方信孺有"客船江上东南路,常识嶙峋云外浮"诗句。明代建琶洲塔,塔址原是江心小岛,塔下来自闽浙的商舶帆樯如林。赤岗塔塔基托塔力士塑像雕刻为番人形象,是研究明代广州对外交往的珍贵实证。同建于明万历年间的琶洲塔、赤岗塔和莲花塔,被称为珠江水口三塔,地处江海汇合之处,实际上也起了指示航道的作用。

中国古代社会经济架构中以农业立国,地处南隅的岭南却呈现出自发的商品意识,手工业是和农业同时发展起来的。古塔反映了岭南古代

广州赤岗塔塔基托塔力士为番人形象

广州华林寺清代
星湖白石塔

手工业生产发展水平：其一是石刻技艺。存于广州、新会、南海等地的仿楼阁式星湖白石塔，比例匀称协调，在光洁如玉的塔座、塔身上镂刻精致的图案，花纹密布而不繁杂，线条流畅优美。其二是夯土技术。主要分布在粤东地区，如惠来神泉港玉华塔，是贝灰三合土夯筑实心楼阁式塔，高达26.4米，百余年来历海潮冲击、地震摇撼而屹立无损。其三是佛山炉火纯青的铸铁工艺。光孝寺东、西铁塔是我国现存有确切文字可考的最早大型铁塔，历千余年而铭文、纹饰仍十分清晰，表明当时佛山地区冶炼铸造技术之高超。佛山祖庙中铸造于清雍正十二年（1734）的阿育王式释迦文佛塔，重达4吨，体量之大堪称国内此类铁塔之最。其四是潮州高超的木雕艺术。潮州开元寺中金漆木雕千佛塔，高3.5米，层次分明，刻画形象生动，显示明嘉靖年间潮州金漆木雕工艺水平。

广东古塔多角度地折射出岭南社会文化的多姿多彩：

一是宗教文化方面。佛教传入岭南路线来自海上。岭南最早瘗藏佛舍利的塔，始建于南梁。这舍利是昙裕从扶南国（今柬埔寨）恭请回国的，这是早期中外佛教文化交流的大事。惠能创立禅宗南派是佛教中国化的标志性转折点，光孝寺内的瘗发塔，是惠能公开其承受五祖衣钵身份之后削发受戒的标志。韶关南华寺为供奉惠能真身而建的灵照塔，是南华寺禅宗祖庭地位的标志。六祖故居及圆寂处新兴国恩寺，有惠能创建的报恩塔。这些古塔构成一系列禅宗圣迹，是惠能在岭南佛教活动的重要实证，在中国佛教史上具有重要地位。广东著名的高僧塔，还有潮阳灵山护国寺唐大颠祖师舌镜塔，有仁化清初澹归和尚石塔等。

岭南宗教具兼容并存性，早在唐代伊斯兰教就从海上传入岭南，广州光塔是世界上现存最早的伊斯兰教呼礼塔建筑。在岭南，除了佛塔、风水塔，还有不少塔显示出儒、道、释共存迹象。陆丰玄武山元山寺居僧礼佛，寺后福星垒塔则祀文昌圣帝。广州琶洲塔，原在北侧建北帝庙，南侧是海鳌寺，塔身有道教八卦符号，又设有佛龛。

二是景观文化方面。清人屈大均在《广东新语》中谈及建塔称："今多建之以壮形势，非礼（佛）也。"[1]岭南地貌多丘陵台地、河川平原，而无峻岭大川，不少地方造塔以添形胜、壮景观，既补地势低平之不足，也是登高远眺之佳处，古塔遂为一地重要景观。揭阳涵元塔，因遥望夕阳如挂塔端，成为"夕阳点香"美景。古塔景致，还往往成为各地"八景"景观之一，如惠州"玉塔微澜"、三水"广塔揽胜"、曲江"塔院松涛"、仁化"螺顶浮图"、从化"豸角塔影"、潮州"龙湫宝塔"、增城"雁塔啼鸣"、广州"琶洲砥柱"、番禺"省城华表"等等，不胜枚举。肇庆崇禧、巽峰、文明、元魁四塔屹立西江两岸，遥相呼应，展现出四塔擎天，守护一方水土的雄姿。隔河相对的顺德青云、太平双塔，交相辉映。广州莲花、琶洲、赤岗三塔屹立珠江口，"使山水回顾有情，势力愈重"[2]。近年，不少古塔得以修复，多为旅游观光

---

① （清）屈大均：《广东新语》卷十九。

② （清）仇巨川：《羊城古钞》卷七。

所计，如恩平重建熙春塔，侨乡风光大为增色。

三是文学艺术方面。古往今来，雄峙壮美的古塔吸引着无数文人学士到此抒情言志，留下不少诗文名篇和轶闻雅事，把古塔这个集建筑造型、楹联、书法、碑记、雕刻为一体的综合艺术品点缀得更加灿烂夺目。"初唐四杰"之一的才子王勃，为六榕花塔前身宝庄严寺塔题写了长达3000多字的中国古代最长塔铭，其中不乏雄浑宏放的精彩文句，如"仙楹架雨，若披云翳之宫；彩槛临风，似遏扶摇之路"，文中更是详实地记述了他当时所闻所见的这座宝塔的情况。这是在他写下千古名篇《滕王阁序》之后的绝笔，是极其珍贵的文学、历史文献。六榕寺山门楹联"一塔有碑留博士"说的就是这个典故。名人效应是巨大的，苏东坡贬居惠州，写有"一更山吐月，玉塔卧微澜"诗句，赞叹惠州西湖泗洲塔，宋代诗人刘克庄誉为千古绝唱，惠州西湖之塔因得称玉塔。宋人方信孺《南海百咏》对广州光塔、花塔有专题吟咏，不仅是两塔历史悠久的佐证，而且以"金鸡风转片帆归""常识嶙峋云外浮"描述了

雷州三元塔

光塔测风候、花塔指航向的功能，让后人认识到广州建塔与他处之不同。雷州明代建三元塔，又名文魁塔、启秀塔，彰显建塔者使雷郡地势改观，启兴人文之风的初衷。塔基嵌有23块明代石刻，是富有地方特色的明代艺术珍品。这座57米高塔，是雷州半岛上最高最壮观的古塔，为雷阳八景之一"雁塔题名"，不少文人名流乘兴登临，留下佳作名篇。清末，雷阳书院山长陈乔森组织雷州士子重阳登塔，撰写72副对联赞美雷州风物，张贴于塔身72个塔门上，一时称为盛事。历代文人墨客歌咏古塔的诗文，是岭南一笔宝贵的文化财产。清代黄遵宪《南汉修慧寺千佛塔歌》"卖儿贴妇竭膏血，一塔岂有功德缘"的诗句，入木三分地揭露了封建统治者的伪善无耻。梁启超新会旧居屋后有凌云塔，他在11岁时写的《登塔》诗，洋溢着欲穷极天地真理的豪情，现代在塔后建碑亭安置梁启超诗碑。许多古塔塔身上嵌有匾联，名家书法颇具艺术价值，名人佳作很有文学意韵。如明知府郭子章为潮州凤凰塔塔门题写楹联："玉柱擎天，凤起丹山标七级；金轮着地，龙蟠赤海镇三阳。"梅县松口元魁塔，有"岭南夫子"翰林院编修李二何撰写楹联："澜向阁前回，一柱作中流之砥；峰呈天外秀，万年腾奎璧之光。"狮雄古塔楹联为明知县詹子忠重建塔时撰题："山作屏，地作毡，月作灯，烟霞作楼阁，雷鼓风箫，长庆升平世界；塔为笔，天为纸，云为墨，河汉为砚池，月圈星点，乐观大块文章。"清代竣工的饶平县文明塔，曾镌一石碑，上题"新事隐语"，碑文是首五言诗：

> 天高一望空，水至青如许。愚看本无心，贪多贝应去。
> 横目点离州，廓上开新宇。竽头竹已非，水草翻无羽。
> 同船话相告，土草合为侣。健儿欠失人，木侧堪乔举。

原来是一首巧用汉字偏旁部首增减分合的谜语诗，谜底是：大清县令四川郭于藩造塔建桥。

　　四是民俗文化方面。建塔历程中折射出广东各地的民俗心理，围绕古塔还开展了一些富于南国情调的民俗活动。兴建风水塔，其意在兴文祈福、禳灾求财，而各地地情有别，所祈求的侧重不同。粤北地区不少古塔没有塔顶，传说是为了财源广进，加了顶会封住财路。粤中地区着重于祈文运，文塔遍及城乡。怀集的文昌塔、高要的文明塔，都曾在塔下建书院，以建塔激励文风。清代，知县叶重秀因见开平立县百年而科举不兴，遂令在马山山顶建五层文塔，以期开地方文运。后之县令张邦泰见当地科举仍榜上无名，乃将文塔增高两层，使之与苍城学宫地阶相齐，以呈凤凰展翅飞翔之势，并在塔左旁建一形似官印的"金章阁"，祈望文运昌隆，并规定不出状元不开塔底之门。恰逢此时，当地人司徒煦被钦点传胪，为翰林院庶吉士，官至漳川府同知，为开平科举开新局面，自此文塔改名为开元塔。但直到科举终止，开平仍未出状元，底层塔门始终未开。潮州西湖葫芦山建有一座小型雁塔，仿长安雁塔题名之举，为登科者留名，明代科举题名就有166人，反映"海滨邹鲁"文风鼎盛。潮州清代建有八座文阁塔，雍正七年（1729）重建凤凰洲奎阁，翌年刚巧十人同登进士榜，一时传为佳话。中山天章阁，原名文阁、奎星阁、文昌阁，清光绪年间重修改今名，寓意文才广阔如天、云汉为章。塔内设文昌公神坛，每年农历八月二十五日"文昌诞"，学童到此拜祭，祈学业进步。明万历年间，从化县为兴扬文风，建文隆塔。至清代仍未见文运兴隆，反而是百姓贫困、盗贼骚扰。有人迁罪此塔，说它不是"文笔"，而是"长矛"，聚众而毁，结果是"贼未消敛"。

标高踞胜的古塔，更成为一些民俗民风活动的重要去处，重阳登高，春日揽胜，乃至在此燃灯结彩以贺佳节。南汉刘氏王族妇女出家奉佛，居于宝庄严寺改名的长寿寺中，每逢上元、中秋两节，登塔燃灯以兆丰稔，号曰"赛月灯"。城内大街小巷百姓也垒瓦作塔，集薪燔烧，蔚为不夜城大观。徐闻县城登云塔，每年五月初五，全城人扶老携幼，前往攀登这座30多米高的明代古塔，叫作端午攀登云。陆丰福星塔下，过去每年三月三、九月九演大戏，又举行十年一度重光大

徐闻登云塔

庙会，彩街大游行更是民间传统文艺活动的主要形式，这些在"文化大革命"中停止的活动现在又得到恢复，热闹胜前。五华狮雄古塔，旧时每逢中秋都要在这里设歌醮，由优秀歌手坐在塔顶领唱，作为主台，跟四方歌手大赛客家山歌，故又称"山歌醮"。古塔涉及的民俗文化如能认真发扬，去其糟粕，取其精华，对弘扬岭南地方文化、发展旅游事业大有裨益。

八、水利交通赖发达

（一）桥梁

岭南河网纵横，桥梁建设历史久远。广州南越王宫苑遗迹发现有两板巨石横架于水渠上，跨径0.6米，是我国现存最古老的石桥。从广州西村克山东汉大型砖墓墓砖"永元十六年三月作东冶桥陈次华灶"铭文，可知广州东汉有东冶桥。史载南越王赵佗建朝汉台，采用复道形式，是现代天桥之鼻祖。岭南地区东汉砖室墓砌拱，表明此时已具备建造拱桥的技术水平。明隆庆《潮阳县志》记载，唐代大颠和尚曾居乌岩寺，"筑石梁架两山之间，高数丈"，现寺前仍存石板桥。练江平原河网密布，当地大族洪氏先后修建潇湘、泥湄、洪使、麒麟等桥，铺设石板路面，此为岭南地区私人大举修桥整路的首次记载。

南汉兴王府城（在今广州）建有一批桥梁，以流花桥为著名，当时为木桥，明代始易石桥。广州城内"七块石"地名，是因南汉时此处属西湖，建有由七块条石砌成的宝石桥，又称七块石桥。明代因湖淤塞，形成街道，地名沿称七块石。《南海百咏续篇》记载："伪汉刘𬬉，命黥徒采砺山之石，跨湖为桥，以通花药仙洲者也。其石光洁若玉，长丈有六，横三尺，厚二尺，平列如砥。"此石梁尺寸折算为约长5米、宽1米、厚0.7米，亦颇可观。

岭南地区宋代掀起建桥热潮，集中分布在城市和交通要道上。宋代石桥，以福建最为著名，有"闽中桥梁甲天下"之说，这对粤东有直接影响。当时潮州城内外建有七座桥梁，其中州衙前太平桥，至迟建于北宋至和元年（1054），清末民初湮没于地下，1987年基建时被发现，是座三孔石梁桥，长22.5米，宽12米，桥墩以条石砌筑，中间填以砂土。石板长约7米，宽约0.7米，厚约0.4米。旧志记载，桥之四维原建有四塔，相当壮观。潮阳练江贵屿桥，是始建于宋大观二年（1108）的石梁桥，至今中间三孔桥面的24块石板及桥墩仍为原构，桥上可通汽车，桥下有6.3米高度可通航。南宋建炎元年（1127），由闽入粤的大峰和尚，筹建了练江潮阳和平桥，是座长百余米的十八孔石梁桥，以松木叠基，基上叠石为墩，石板桥面，每孔5条石板，每条长7.5—8米，宽0.9米，桥栏三合土夯筑。淳祐六年（1246），潮州刺史陈圭捐资修筑潮州至漳州道路并建石桥13座。乾道六年（1170），知州曾汪在韩江中流砌一大石墩，联结86只巨船成浮桥，称康济桥。此后历任州官迭有增修，庆元二年（1196）形成河东为济川桥，河西为丁侯桥，中连浮桥格局，到开庆元年（1259）终于形成了东桥十三洲（墩）、西桥十洲（墩）、中段为铁缆系二十四舟的梁桥与舟桥结合的开合桥基本格局。直至明宣德十年（1435），知府王源集资选石，全面修葺，正德八年（1513）增建一墩，遂成"十八梭船廿四洲"定制，桥上建亭屋126间、楼台12座，木屋鳞次栉比，成为热闹非凡的桥市。桥名定为广济桥，意谓"广济百粤之民"。广济桥开中外开合桥先例，直至清乾隆年间，仍是"晨夕两开，以通舟楫"，现为全国重点文物保护单位。

广济桥桥墩之宏大，为古桥所罕见，东段桥墩墩面竟大至300平方米，墩身用花岗岩石块榫卯砌成，十分坚实。西段第四孔和东段第八孔为通

潮州广济桥是世界上最早的开合桥

贞女桥与"贞女遗芳"牌坊

航孔，桥面高度分别为15.37米和16.5米。广济桥从创建浮桥至基本定型，历265年，经数十次修葺、扩建，是潮汕先民在河流汹涌、山洪暴涨的条件下顽强不拔、架桥不止的历史见证，也反映了历代建桥技术和利用材料水平的不断提高。

岭南各地在宋代兴建了一批规模较大、技术水平较高的桥梁。广州南濠上建有花桥、果桥、春风桥，义溪上建有文溪桥、狮子桥、状元桥等。韶州浈水、武水上分别建有以大船横排而成的浮桥。南雄州南门外建木桥，后改易石桥。英州（今英德）城西，元符年间知州何智茂建何公桥，是北江上较早的一座石桥。在惠州，苏轼捐修东江东新桥，将联结西湖湖堤的浮桥倡改为梁桥西新桥，"飞楼九间，尽用石盐木，坚若铁石"[①]。顺德今存四座始建于宋代的石桥，其中南宋建的贞女桥，为五孔石梁桥，长30余米，宽3米多，桥面石条长7.3米、宽0.7米，桥头建有"贞女遗芳"石牌坊。今梅州市内嘉应桥，为双孔石拱桥，始建于南宋淳熙年间，相传嘉应州因桥得名。

明清时期，岭南地区兴建桥梁更为普遍，也对一些古桥进行修缮

---

① （宋）苏轼：《两桥诗序》。

改造，现存古桥绝大部分是这一时期修建的。在粤北，北宋嘉祐六年（1061），转运使荣諲沿峡江岸开栈道，历代不断重修，清康熙元年（1662）平南王尚可喜重修栈道，长50余里，有桥54座。今存湄坑桥为较大一座，为红砂岩单拱桥，拱跨5米。乐昌黄圃镇应山石桥，清乾隆年间建，长49.85米，宽6.5米，拱跨16.9米，是湖广古道上的重要桥梁。梅州地区明代兴起改木桥为石拱桥之风，修桥为乡人乐善好施之义举。清乾隆之后，创建石桥之民风大盛。光绪《嘉应州志》所载石墩木桥或灰桥、石桥共168座，大多是清代所建。在梅县松源镇至松口镇59.2公里的松源河上，至今完好保存着22座建于清朝中后期的古桥，其中20座建在松源镇境内23.6公里河段，长50—100米的就有9座，成为一个古代桥梁大观园。22座桥中，磐安桥、红宝桥为抬梁式石板桥，其他皆为石砌拱桥。松源宝坑村单拱天成桥，桥长54米，桥高15米，是迄今发现广东最长的单拱古桥。地处松源镇桥背村悬崖峭壁的聚奎桥，桥高19.3米，宽5.5米，跨径47.6米，是广东现存跨径最大的单拱古桥。这些古桥事先对用料周密计算，开山取石、制石均按一定规格，选用石灰石或麻条石质地坚韧，加之工艺细密，砌筑之桥历数百载风雨冲刷、山洪激荡仍屹立，现有11座古石桥可通行货车，但五渡桥在20世纪90年代拆除并在原址建新桥。明清古桥造型上各有特色，雄伟壮观。梅县松

梅县松源镇桃尧砥柱桥

源镇桃尧砥柱桥，全长80多米，宽近5米，最大拱孔高出水面12米，桥拱高低、跨度不一，形成跌宕起伏的桥面曲线，中间两墩直接立于河中卧石上，显出驾驭山河的雄奇之姿。丰顺丰良镇普济桥，俗称高桥，建于清道光年间，为七孔拱桥，长96.6米，宽3.8米，高12米，逆水面分水尖特别高翘壮观。惠东白花镇黄沙塘村高桥，是始建于清代的四孔平梁青麻石质石桥，全长21.57米，桥面宽0.8米，粗犷简朴，纯石结构，榫卯相连，坚固实用。湛江湖光镇新坡村有雷州官道古桥湛江广济桥，建于清咸丰十一年（1861），桥长41.8米，宽1.3米，20柱，共19段，简单实用的斜撑结构，均用青石五条并排组成，俗称"十九孔桥"，是湛江现存保护最完整的古石桥。明末清初，鹤山古劳水乡水龙桥，长百米以上，桥墩青砖结构，桥面花岗石条，犹如长龙蜿蜒湖面上。顺德现存宋桥4座、明桥4座、清桥8座，均为石桥，明代建的爱日桥、明代重修的明远桥和清代重修的巨济桥，均为石拱桥，栏板雕刻精美。顺德容奇有别开生面的树生桥，原名"鹏涌桥"，长6米，宽2米，桥梁和桥栏杆皆榕树树枝长成，据说形成于明代隆庆至万历年间。当时村人将竹竿劈开，盛上泥土，搭在河涌上面，把对岸榕树气根引过来，插入地下，年深日久，榕根越长越壮，村人在上面铺设木板而成桥，堪称奇思妙想。

民国时期，建桥修桥是各地建设的一项重要内容。化州境内，清光绪年间有大小桥梁81座，至民国后期增至125座。抗战胜利后，1946年，广东各地抢修公路，修建公路桥梁1395座，其中永久式、半永久式524座。这一时期建桥，除采用传统材料外，还采用了钢铁、钢筋混凝土等新材料，并应用了先进的工艺技术。建于1929年的广州海珠桥，为三孔钢桁桥，中孔是电动开阖式活动桥，是岭南桥梁史上钢铁桥的一个里程碑。1934年留学日本的黄勒庸自行设计建成开平合山桁架铁桥，长67米，宽9.5米，桥下无墩柱。

岭南桥梁中还有风雨桥一类，也称廊桥、屋桥，以桥上建有廊屋、亭阁得称。桥上廊屋、亭阁方便行人过往避雨歇脚，也能加重桥身重量

广州海珠桥今昔

封开泰新桥

以增强桥墩经受洪水冲击的抗力，还能挡雨防腐，又美化了桥梁外观。因此园林中的桥梁有采用廊桥、亭桥形式。有的桥屋上设铺面为市，出租养桥，可获取经济效益。广东现存屋桥不多，以建于明代者为最早。封开泰新桥，始建于明嘉靖十二年（1533），清嘉庆十七年（1812）

重建。为三孔梁柱式廊桥，长10米，宽34米，高35米。桥上为三间歇山顶桥屋，桥墩为4列16根方形短石柱，石柱脚以较平整的河床垫承，不施斧凿。桥墩、屋架和桥栏部分保持了唐宋时期木结构梁柱或桥梁古制。

（二）道路

南岭为岭南之屏障，也是岭南与北方交往之阻隔。史称五岭，就有人认为并非南岭代称，而是指南五条南北交通要道。《说文解字》就有"岭，山道也"的解释。宋人周去非《岭外代答》说："五岭之说，旧以为皆指山名，考之，乃入岭之途五耳，非必山也。"岭南各地新石器时代遗址发现的器物，很多式样图案类似中原地区者，说明岭南岭北的交通往来已有数千年。除了水路，还有陆路。长沙马王堆出土距今2000多年前的《地形图》上，沿古都庞岭道相距不到80公里距离，竟有3个县城，可见这条古道在交通往来上的重要地位。

岭南较大规模修筑道路始于秦末，秦始皇三十三年（前214）平定岭南，次年遣罪徒在岭南筑路，旨在与已修到岭北的驰道相沟通。所修之路称"新道"，主要是沿古道加宽、加固的扩展性工程，不是在完全没有路的地方开路，且尽量利用水道与陆道相通，与北方所修陆路"驰道"不同。据考证，秦修新道有四条：一从今江西大余南逾大庾岭入今广东南雄；一从今湖南郴州越岭入广东连州；一从今湖南道县越桂岭入今广西贺州；一从今湖南零陵入今广西全州一带。史载南越王向汉高祖进贡荔枝，由番禺到长安2760多公里，仍能及时传送，显示粤北地区水陆干道畅通，沿线设有简易的驿传机构。

汉代，继续有开山凿岭之举。东汉初年，桂阳太守卫飒在粤北曲江等县凿山通道，全程500多公里，沿途设驿站。汉灵帝时，刺史周憬在今乐昌境泷口河道裁弯取直，疏浚河床，便利曲江、郴州间商运，形成早期粤北水陆运输网络。此处通往交趾也有新开陆路。建武时期，大司农郑弘奏开零陵、桂阳峤道为常路。由于时代和技术所限，官方所修道路并未深入岭南腹地。直至南北朝时期，岭南交通环境并未得到实质性改善。

岭南道路建设随着岭南开发而发展，尽管有水路之利，尤其是海上交通不断扩展，但陆上交通仍不可或缺。唐代，以长安为中心的贡路，即有一线是经武陵（常德）、潭州（长沙）、桂州（桂林）、梧州至广州。广州作为岭南的中心，形成四通八达的道路，向东有滨海通道，可连接潮州、漳州、泉州、福州；傍海西进，可直达安南都护府；通往滇、黔、湘、桂、赣各地干道，有不少是在秦汉旧道上发展起来的。唐代粤北最大一项道路工程，是新开大庾岭通道。张九龄归养家乡时，向朝廷请准开大庾岭路，自任开路主管。开凿的山隘最高处达30米，路宽约5米，两旁遍植松树。南北交通大为改观，至宋代大批移民南下，高峰期每天有万人经此。大庾岭道路整修，对岭南社会生活和文化发展的影响既直接又深远。明人丘濬《广文献张公开大庾岭路碑阴记》指出："兹路既开，然后五岭以南人才出矣，财货通矣，中原之声教日近矣，

大庾岭梅关

189

遐陬之风俗日变矣。"唐代岭南驿道，以广州为中心，北线最盛，西线端州、廉州及东线龙川、潮州则驿站较少。

北宋岭南道路建设有几项大工程。最早的筑路工程，是咸平末景德初年，广州知州凌策主持自英州太源洞伐山开道，直抵曲江。广州转运使荣湮在真阳峡东岸丛山深谷架设栈道70间，使广州至英州、端州路途分别缩短83公里和120里。至今在北江真阳峡边尚可见到这条栈道凿洞痕迹。仁宗初年南雄知州王嘉言、知南安军蔡挺奉旨同修大庾岭道，将上下岭30里路面用砖铺砌，建路亭，道旁开水渠，夹道栽红梅。宋代交通环境进一步改善，自广州往东至惠州、潮州、梅州一线的交通路线逐渐形成并发展为交通要道。开通潮州、梅州至闽西、赣南通道，惠州发展为粤东重镇。《永乐大典》载，宋代广东出省通道有四条："自凌江下浈水者，由韶州为北路；自始安下漓水者，由封州为西路；自循阳下龙川，自潮阳历海丰者，皆由惠州为东路；其自连州下湟水（今连江），则为西北路。舟行陆走，咸至（广）州而辐凑焉。"

元代，广东新辟两条驿道干线：一是元初开辟广州至高、雷、廉、琼地区的新西驿道；二是自潮州经福建汀州、邵武，过江西建昌抵隆兴（今南昌）。

明清时期，岭南商业迅速发展，向北、东、西的道路建设都得到重视。广东驿站数量不断增加，最多时有109所，其中马驿86所、水马驿4所、水驿19所，驿道总长度15650里。明万历十五年（1587），广东驿道以广州为中心，有7条路线：广东至江西，分陆路和水路，有11处马驿、5处水驿；广东至广西，为五羊水驿—胥江水驿—西南水驿—崧台水马驿—新村水驿—寿康驿—麟山驿；广州通往肇州、高州、雷州、廉州等地；琼州至雷、廉、高干线；东江水路，自五羊水驿至雷乡水驿；惠州府至潮州府，接福建诏安县南诏驿；韩江水路，由凤城至兴宁县，设6处驿站。由北京经天津、凤阳、南昌到广州的大道，是贯通南北的主干道。洪武年间，广东参议王溥赴大庾岭观察，命地方官调集人力，凿石填涧，修葺桥梁，还教民造车。正统年间，南雄知府郑述主持重砌岭路

乐昌庆云镇石榴
下村清代驿站

90里，路旁增植松梅。成化五年（1469），再次征发民工铺砌路面。正
德十三年（1518），在大庾路种松植梅5000余株。经大庾岭商路成为广
东商货输往外省最多的一条商路。明代数次分段开凿修筑广州至韶州间
道路。崇祯五年（1632），修筑广州经盐步、佛山至三水的大路100多
里，增建桥梁16座，设横水渡8所。民间也掀起修路建桥热潮。史志记载
较大工程有数十处数千里（多系县乡道）。明末清初，阳山县集资修建
乡道25条；乳源县开凿梯云岭路；曲江县重修大石桥路；英德县修筑乡
道37宗，建桥37座，其中闸子石路12.5公里，连云寨通往洽洸石路69公
里，尚有黄塘路、九曲凹路、石莲麻布背石路，工程都较巨大。

清初，广东有马驿86处、水马驿4处、水驿19处，驿道总长度
15650里。历时13年，于康熙元年（1662）修复了南明为阻止清兵南下
破坏的英德大庙峡至清远中宿峡路段，修筑峡道25公里，筑桥63座。道
光五年（1825），修建清远至曲江官道78公里。清代由广州往北京及
邻省主要干道称"官马大道"或"官路"，往京官道又称"使节路"；
省会与省内重要府城间道路称"官马支路"或"大路"；城镇间道路称
"小路"；乡道和大路、小路连接，全省基本形成陆上道路网。乾隆

五十年（1785），广东在要冲官道留有驿站40处，驿夫近千名，其他次要驿道则设铺司。官马大道有5条：经韶关出大庾岭路往北京；经仁化出湖南汝城；经高要出桂林；经惠州、潮州出福建；嘉应州经平远、筠门岭至赣州。广东驿道多为水陆相通，并通往出海港口。北江（含湟水、浈江）、西江、东江、梅江、韩江是南粤古驿道重要水路。历代古驿道的设立，对岭南地区人口迁入、地域开发、经济发展、民风开化等起到重要的促进作用。广东历史上商贸繁华的市镇，如扶胥、佛山、香山、西南、清溪、黄塘、汕尾、回龙、南澳、黄冈、三河、丰顺、高明等，都与驿道密切相关。

鸦片战争前后，近代公路、铁路建设进入岭南。光绪十二年（1886），两广总督张之洞主持建筑广州天字码头300余米长沙土马路，为岭南建筑马路开端。光绪三十二年（1906），自东较场开辟马路，经东明寺、牛王庙达沙河，称东沙马路。

民国初年，孙中山认为修治道路为民生四大需要之一，各系军阀出于混战之需，也略为重视军路建设，岭南各地出现拆城墙及筑路热潮。1913年，法国租借广州湾，将西营（霞山）、赤坎间牛车路改建加宽，通行汽车。1920年官修惠阳至平山公路，长33.2公里。1925年，广州以省港大罢工工人为主力，修筑东山至黄埔的中山公路24公里。1921—1925年间，在珠江三角洲、粤东沿海及海南部分重点侨乡，已建21条公路803公里。翌年，全省（含海南）已修建公路1692公里，至1937年全省共538条公路14518公里，分省、县、乡道。全面抗战期间，为防止日军机械化部队纵深侵略，国民政府两次下令破坏公路。广东省政府迁往韶关以后，对粤北公路有所修整建筑。汪伪政权与侵华日军为战争之需也整修公路。抗战胜利后，各地抢修公路，但技术标准较低，质量很差，路况日下。至1949年，全省（含海南）可通车沙土公路只有2523公里。

新中国重视交通建设。至1978年，全省公路通车里程52194公里，但路况较差，均在三级以下。珠三角地区公路渡口多，待渡时间长。改革开放以后，公路建设大为加快，路况极大改善，出现高速公路，全省新建各种桥梁近2000座，其中500米以上特大桥梁近百座，内河基本实现无渡口通车。至2020年，全省公路通车里程超过22.2万公里，其中高速公路1.05万公里，二级以上公路3.16万公里。

铁路建设方面，清光绪二十九年（1903）广州至三水铁路全线通车。光绪三十年（1904），印尼华侨张煜南、张鸿南兄弟集资修筑潮汕铁路，至光绪三十二年（1906）完成由汕头到潮安干线，全长39公里。光绪三十四年（1908）又建成长3公里的意溪支线。潮汕铁路是全国第一条由华侨集资修建的铁路。光绪三十二年（1906），旅美华侨陈宜禧集资筑新宁铁路，宣统元年（1909）全线通车，长61.25公里；1913年，延伸46公里至新会；1920年，从宁城至白沙支路26公里建成通车。历15年时间，总长133.25公里的新宁铁路全线建成。光绪三十二年（1906），粤汉铁路广东段始建；1916年，自广州黄沙至韶关段通

新宁铁路北街火车站旧址

车；1933年延伸至乐昌；1936年粤汉铁路全线接通。全面抗战时期，1939年国民党当局下令拆除潮汕铁路汕头至庵埠一段，同年全路被日军所毁，此后改铁路为公路。

新中国成立后，经过抢修恢复、旧线改造和新线建设，广东铁路发展缓慢恢复。至1978年，有京广、黎湛（广东段）、河茂、广三、广深5条国家铁路及曲仁、南岭、梅隆（窄轨）3条地方铁路，营业里程1003公里。出省通道只有京广线、黎（塘）湛（江）线。从1981年建设京广铁路衡广复线后，广东的铁路建设进入高速发展时期，至1987年年末，共有国家、地方铁路正线长度2195.4公里，共建特大桥、大桥94座，长隧道2座，长1.74万米。至2020年年底，省内有京广（双线）、广深（四线）、京九（双线）、广茂、湛海、漳龙、畲汕、平南、河茂、黎湛（双线）、广珠货线（双线）、京广高铁（双线）、广珠城际高铁（双线）、广深港高铁（双线）等线。铁路营业里程4891公里，其中时速200公里及以上铁路运营里程2139.7公里，形成纵贯南北、横连东西的省内铁路运输网和10条出省铁路通道。

（三）水利设施

1. 渠道陂塘

粤北地区、西江、北江流域，是岭南开发较早地区，汉代就有水利建设工程。连州龙口村龙腹陂，相传东汉（一说三国初）所筑，说明至迟东汉就开始整治河道工程。建宁、熹平年间，桂阳刺史周憬主持整治北江支流武水的"六泷"，"乃令良吏，将帅壮夫，排颓盘石，投之寥壑，夷高填下，凿截回曲，弱水之邪性，顺导其经脉"[1]。三国时交州刺史陆胤引蒲涧泉（甘溪）水到广州城北供居民饮用。高明金钗陂，相

---

① 《神汉桂阳太守周府君功勋之纪铭》，道光《广东通志·金石略二》。

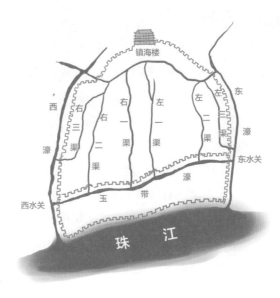

广州古城六脉渠

传隋代所筑，灌田数十顷。

岭南地区大规模的水利开发工程掀起于宋代。兴修水利主要在粤北、粤西，以及珠江、韩江三角洲。广州原靠天然溪流排水，宋代开始凿城濠，并将城内河渠系统整治，命名"六脉渠"，形成布局较为合理的城市排水系统。1997年在广州吉祥路地铁出口处右侧工地上，挖掘出六脉渠一段渠体。渠深约4米多，渠面宽4.03米，渠面铺石条，渠两边用红砂岩和黄砂岩石条按一丁一顺构筑，共18层，渠底墙根铺设粗40—50厘米方木，横撑枕木。宋代潮州大力整治城市排水系统，淳祐六年（1246），知州陈圭整治城内大道及两侧排水渠，"官沟在外街之两旁，石刻丈尺为志。砥道轩豁，有中州之气象焉"[1]。城内大小水渠很多，纵横交错，主要大渠有三条，都是引韩江水，分别由上水门、竹木门、下水门由东向西贯通城内，注入城西濠，形成城区疏泄系统。元祐年间开凿两条人工河道：一是海阳县苏湾都盐官李前开凿韩江南溪；一是知州王涤开凿潮州城西沟通海阳、揭阳、潮阳三县水运兼具排水、

---

① 陈香白：《潮州三阳志辑稿》卷五。

排灌之益的三利溪。南溪、练江水运通畅，利于陶瓷外销、鱼盐内运。三利溪于潮州南春路头设置南涵，以时启闭，水小则启涵通其流，水大则闭涵遏其势，起到调节水位作用。珠江流域在堤围区大量修建涵闸，实行无坝引水；丘陵山区则实行有坝引水，有木陂、木石陂、堆石陂、砌石陂等各种类型。天禧年间保昌（今南雄）县令凌皓筑凌陂，坝址以上集水面积320平方公里，以岩石河床为基，巨石砌筑，长50米，历代沿用，到1975年因建同凌陂才拆除，所在河流今称凌江。雷州于天禧年间开勤南塘，嘉祐年间开那蕴塘，治平年间开筑那崖、哥四苟、徒林等塘。熙宁初年，新州（今新兴）知州梁立于城西南引水得白鳝坑以灌农田，至南宋还发挥作用。治平三年（1066），修复惠州西湖湖堤，溉田数百顷，民得益于湖，"其施已丰"，故又称丰湖。崇宁初，南雄知州连希觉主持砌石建连陂，历数百年而不废，至1942年，灌溉面积达4000余亩。政和七年（1117），连山厅乡民唐必兴修筑鹅冈陂。北宋末年，广州佥判官厅公事邬大昕开鹿步滘运河，东起东洲，西接黄木湾，长十余里，船只避开狮子洋风浪，又缩短航程。

广州鹿步滘运河

雷州万顷洋田灌溉工程是广东古代规模最大、设计最完善的水利灌溉工程。北宋时已自雷州城北特侣塘引渠灌田，南宋知州何庾在西湖筑堤以潴湖水，建东、西二石闸，分别开渠灌溉城西南白沙田和城东万顷洋田。乾道年间，知州戴之邵对工程进行大整修，开渠、筑堤、挖塘、建闸、造桥配套而成，总计开渠4条，总长70余公里，去海潮之害，施湖塘之利，22万亩洋田受益，明代有"洋田丰则合郡欢，歉则合郡饥"之说，可见这一工程关系民生之巨。南宋年间，潮州知州林嶂开浚西湖，灌西关外七乡田1900余亩。端平二年（1235）循州知州朱挺于龙川县北引白云岩之水筑柳塘，灌田300余亩。香山（今中山）县令梁益谦疏南濠水灌陂田。南宋期间较大的引水灌溉工程还有河源引新丰江入灌县田，乐昌引灵溪水灌田，东莞厚街人王鳌石于深溪凿王家渠引龙潭之水灌田，鹤山林梦良倡筑泽沛陂。

元代，在海康（今雷州）、连山、新兴、高明、保昌（今南雄）等地建一批引水工程。

明代水利建设发展较大，兴建水陂达486处。初期以粤北为多，渐而发展到以粤东为多。韶州府属乐昌、曲江、乳源、仁化四县，从明初至嘉靖年间建陂195处。洪武二年（1369）乐昌知县索彦胜筑官陂（西坑水）灌田百余顷。弘治二年（1489）潮阳知县王銮教民凿沟引水，又在通济港始筑堤御潮，凿沟通泉。弘治五年（1492）潮州知府周鹏复竣三利溪，在渠首建南门涵引入韩江水，还协同潮阳知县姜森开凿潮河（也称石溪），练江舟楫不经外海可直接进入韩江、榕江。弘治八年（1495）饶平县令阳宏募民凿阳公溪、东埤陂，揭阳疏浚玉窖溪，澄海知县周行疏三川溪，嘉应州（今梅州）筑官陂，岭东道施卿开凿梅县蓬辣滩，在五华筑乌陂。新会、高明、鹤山、遂溪、海康（今雷州）、阳山、南雄、新兴、西宁（今郁南）等地也先后兴建一批引水工程。

清代，小型引水工程较普及，分布面很广。乾隆年间，韩江南北堤和意溪东堤开始采取春筑贝灰沙土灰篱及灰龙骨进行加固。潮州知府周硕勋主持疏浚三利溪、潮河和潮水溪，在三利溪两岸打桩加筑灰篱，改建南门涵增加引水量。到乾隆二十七年（1762），潮州（今潮汕地区）引水设施达到507处，其中灌溉涵闸129座（包括排灌两用闸25座）、引水溪沟14条、水陂364座（仅饶平一县即有234座）。同治年间，潮州总兵方耀先后主持疏浚潮水溪及韩江下游梅溪和蓬洞河，在潮州城脚全线春筑贝类龙骨以防渗泄，在榕江下游两岸主持筑堤建涵和围垦沙田。光绪年间，地方士绅协助官府组织潮、揭七都合力大修南堤，全线加筑灰篱。19世纪40年代，广东出现引进西方近代水利技术的首批新型引水工程，开始使用混凝土建筑材料。光绪年间，花县（今广州花都区）构筑的大坑口陂，是岭南较早用混凝土构筑的引水工程。民国时期引水工程，兴建了一批混凝土构筑引水工程，由于技术水平不高，大部分在竣工一两年后被洪水冲毁，至1949年只剩下仁化渐溪水灌溉工程水陂和曲江枫湾水灌溉工程水陂正常发挥作用。民国修建的大型水库，有库容120万立方米的曲江老狱水库和140万立方米的东莞怀德水库。

新中国成立后，广东掀起大规模水利建设，建成一大批引水、蓄

新中国成立后建成的漠阳江双捷水利枢纽

水灌溉工程。20世纪五六十年代，兴建新丰江、南水、潭岭、泉水、南水、长湖、枫树坝等水电站，20世纪末期兴建世界最大抽水蓄能电站——流溪河抽水蓄能电站，还有松涛、高州、合浦（小江）、鹤地、锦江、益塘等水库。1958年建成统一规划布设的全省基本水文站网。至2000年，全省有蓄水工程46361宗，总库容量413.44亿立方米，已建成或基本建成总库容1亿立方米以上的大型水库31宗，1000万立方米以上、1亿立方米以下的中型水库279宗；引水工程543万宗，引水流量1594立方米每秒，其中万亩以上引水工程98宗。

2. 堤围

至迟在汉代，珠三角顶部地区就开始了筑堤垦田。在北江上游地区的中宿设有职掌陂湖水利的涯浦官。西汉元凤五年（前76），中宿涯浦官吴霸族人获准在番禺之西的江浦垦殖。唐代以后，韩江三角洲逐渐成为岭南水利开发主要区域。韩江沿岸一些地方砌筑圩岸，练江下游通过围垦耕地筑起防潮堤。唐贞元年间，潮州刺史洪圭卸任后在今潮阳谷饶一带募夫围垦，"阡陌云连，百顷无间"，以至富甲郡县。韩愈谪任潮州，倡修北堤。西江、北江流域水利工程也有兴作。南汉大臣黄损在家乡连州尝捐资筑陂灌田。

岭南修筑堤围最早记载为北宋至道二年（996）。珠江下游发大水，促使各乡修筑堤围，高要城东的西江榄江堤即筑于此时。南下移民带来长江下游江南地区围垦经验，加上宋朝推行一系列重农桑、奖垦田政策，促使堤围迅速发展起来。有宋一代，珠三角修筑堤围10余处，筑堤28条（不计滨海小围），总长200公里。堤围因地设置，如南海县桑园围，依西樵山和九江附近丘陵，连缀甘竹、飞鹅各小埠，逶迤约9公里。元祐年间，沿海地区已有利用海坦圈筑小围垦殖作物的记载，在虎门、横门、磨刀门等地，有东莞咸潮堤，南沙黄阁石基围，顺德扶宁围，中山小榄围、四沙围等。在粤西，雷州、遂溪之间的东丁洋防潮堤，是当时较大的海堤，南宋雷州围海垦田不断。太平兴国年间，潮州

佛山的樵桑联围

知州周明辨督修韩江堤围，元祐年间，知州王涤督修韩江出海口的梅溪堤（在今潮安庵埠镇），韩江西岸基本形成捍卫近百万亩农田的南北堤。绍兴年间又筑江东堤。

元代，对宋堤加以修缮，又集中于西江及高明河沿岸增筑新堤，共修筑堤围11处34条，总长167公里，把宋堤连成完整的堤线，并加高培厚，提高了防洪能力。有的设间基以分小围，有利排灌。

明代，广东海堤围垦进入鼎盛期，堤围向口门迅速发展。所修堤围主要分布在西江干流及其支流新兴江、粉洞水，绥江及其支流青岐水，北江干流及其支流芦苞涌、西南涌、官窑涌以及石门水道的沿岸。在潭州水道及顺德支流附近和东江沿岸也新建一些堤围。有明一代筑堤181条，总长727公里，修堤技术有所提高，如增加采用石料，将原有堤围砌上石陂，换石窦，创造了载石沉船截流堵口方法。围海造田较盛行，已发展到江门、小榄、象角、大黄圃、潭洲、黄阁一带冲积平原。远至香山的三灶东部海坦上都筑有堤围。珠三角建堤成围之后，筑有涵、窦或水闸，将涨潮时河水引入围内灌田。新会北的坡亭水基围、大田围，共溉田800余顷。肇庆知府王泮创筑景福围中的跃龙窦闸，浚北港、导沥水、泄潦引潮。南海县桑园围下游九江堡，筑有子围13个，大小窦闸34座，围内分布许多排灌沟渠。潮州知府叶元玉主持大修韩江南北堤，首创"甃石立基"加固堤身和"随粮出石"筹派工款的方法，为续修堤围探索了途径。明中叶，韩江南北堤、东厢堤（今潮州意东堤及磷溪、官塘西面堤）、江东堤及澄海上、中、下外莆堤（今上华、城关堤）等重要堤围均已基本形成，榕江也筑起了洪沟堤（今揭西凤江堤）。韩江下游地区还修筑了专事排涝工程的涵闸。龙溪都（今潮安庵埠镇）郭陇埕关，建于嘉靖年间，是潮州地区有记载的最早修建的排水涵闸，对象从已成之沙发展至新成之沙，在海堤上种芦积泥成田，加速了与海争地进程。

清代，珠三角堤围迅速向滨海地区发展，在小围或潮田基础上发展成较大堤围，尤以晚清期间为多，集中分布于顺德甘竹滩以南和新会外海附近西江两岸，含部分香山县地。有清一代，共筑堤190条（未计滨海小围），总长766公里，土、石并用已较为普遍，修堤方法有所改进。19世纪以后，珠三角一带，筑堤围垦遍及各大口门出海水道及滨海地带。明后期至清前期200多年间，韩江、榕江下游及其他沿海地区又增筑一些防洪防潮堤。同治十年（1871）前后，潮州总兵方耀兴筑牛田洋大堤，扩垦潮阳万亩沙田，先后兴建三斗门、西胪大关、灰关、四成等4座水闸，又在揭阳炮台主持兴建桃围涵（后称三涵斗），有的使用至今。在河溪港以南，还有民间围垦修筑的石堤、白沙、海隆、吴士合等堤围。

民国时期，以防洪为主，修筑各江河干堤，并在支流河汊修建涵闸和堵塞一些支流河口。如北江建芦苞水闸、鼎安水闸；西江建宋隆水闸、阮涌闸、西窦闸及改建和将一些小围联成较大的围。东江修建工程有马嘶水闸、寒溪水闸、马鞍围等，同时续建惠阳至东莞东江沿岸各围。此时所筑堤围，西江约200公里，北江100公里，东江80公里。民国时期，珠三角各大口门及滨海地带筑堤围垦耕地共约3.5万亩。至

三水芦苞水闸

　　1949年，潮汕地区大小江海堤围总长800多公里，北堤和意东堤可抗拒较大洪水。潮阳沿练江、榕江下游和其他沿海地方防潮堤围基本形成，排水涵闸达69座123孔，排涝面积10万多亩。

　　新中国成立后，20世纪50年代和70年代，广东先后有过两次修堤联围筑闸高潮，把数以千计分散小围联成数十个大围，建成全省大部分水闸。至1997年，共有水闸5342座，其中大中型水闸378座。经过历代不断建设，形成北江大堤、景丰联围、佛山大堤、汕头大围、惠州大堤、梅州大堤、韩江南北堤、东莞大堤、江新联围、中顺大围等十大堤围。北江大堤是国家一级堤防，保护着经济发达的珠三角部分地区的100多万亩耕地、2000多万人口，是国家必保的七大堤防之一，同时是制约西江引水工程建设的关键节点，全长63.346公里，沿线分布有穿堤涵闸29座，堤身宽度8—12米，通过水库滞洪和堤库联动，可防御300年一遇洪水。佛山大堤、汕头大围、惠州大堤、梅州大堤建设达到百年一遇标准，其余达到50年一遇标准。

九、近代建筑出新彩

（一）发展概况

16—18世纪，外国传教士来华传教，始于澳门，而后入广东内地，岭南地区开始出现一些教堂。另一方面，明清时期在很长的时间内，广州是全国唯一对西洋通商口岸，因此率先出现了一些近代西方建筑。清代，广州十三行商馆先后建有英国馆等洋楼，排列整齐，一般为二层楼，建筑形式为券廊式。鸦片战争后，广州是最早对外开放的"五口通商"城市之一，咸丰十一年（1861），又有汕头被辟为通商口岸，在建筑上也开始了近代化进程，呈现出复杂现象。

从鸦片战争前后到辛亥革命前夕，香港、九龙等地成了割让地，连同原来已被葡萄牙租占的澳门，这些地区完全处于殖民统治之下。广州沙面、湛江广州湾也被划为租界。在香港、澳门的洋人居住区以及广州、湛江的租界内，殖民当局行政管理机构，各国所建的领事馆、银行、洋行、教堂、学校、医院，纷呈西方各国建筑风格。与同时期的上海、天津、武汉租界相比，沙面建筑体量较小、质量较差，内部空间狭

清代广州珠江边的十三行商馆

广州城外
新大新公司

窄，但仍不失为西方建筑在广州的集中展示，大体包括新古典式、新巴洛克式、券廊式和仿哥特式的教堂。沙面建筑群，大多为砖木、砖石结构，色调明朗，更具亚热带情调。这一时期，传教士到内地所建教堂及教会医院、育婴堂，有着明显的西方风格；华侨汇资回乡建居宅，使传统的住宅融入了西方装饰手法，或建成仿西式别墅；一些新的涉外机构和公共设施，如海关、火车站的建设，接受了西方建筑风格；工厂、商业、服务业建筑在扩大营业空间和追求洋式店面上有较显著变化，开埠城市尤为明显，蔚及沿海中、小城镇。近代城市景观以广州长堤及西堤大马路为典型，集中了大量办公、商业、金融、海关、邮局等大型公共建筑，大多为外国人所设计，采用了较先进的钢筋混凝土或工字钢构筑技术，表现了更加丰富的西方建筑艺术。1922年落成的12层广州城外新大新公司（今南方大厦）是广州第一幢钢筋混凝土高层建筑。粤海关和广东邮务管理局相邻而立，同样采用古典主义手法却并不雷同：海关突出中轴线对称构图，强调威严与公正；邮局则均匀构图，给人以完整轻松之感，建筑立面较好体现建筑功能。

广东邮务管理局大楼

民国时期，岭南城市拆城墙、建骑楼蔚然成风，租界及开埠城市城市建设发生较大变化。兴建的岭南城市近代公共建筑，一是大型商业、金融、服务行业和娱乐性建筑，诸如剧院、酒店、旅馆；二是行政管理机构、会堂建筑；三是铁路、火车站、码头等交通业建筑；四是学校、医院、体育馆、图书馆等文化教育卫生建筑，其中有不少是旅外华侨捐资兴建，光绪三十一年（1905）兴建的台山端芬镇上泽成务学校为二层西式楼房，开创华侨捐资建校舍先河，台山自清末至1949年，华侨捐资兴办小学87所、中学9所，这类建筑在侨乡对当地建筑风格有很大影响。五是纪念性建筑如陵园、纪念堂和对公众开放的公园等。这些建筑成为近代大中城市中最令人瞩目的建筑。

西方教会所建的教堂、教会学校、医院，也是近代建筑的主要类型，其中以教会学校数目最多，最早的可追溯到清同治十一年（1872）美国长老会在广州创办的真光书院、光绪八年（1882）美国哈巴牧师发起创办的岭南大学。19世纪初期，美国教会在广州创办了培英书院、培道女子中学，中国基督教徒廖德山创办培正书院。这些学校的建筑除少数照搬西式外，大多以西式建筑结合中国式大屋顶，仿中国传统式以博取国人好感，这种形式成为中国近代教会建筑总趋势。

20世纪以后，西方现代主义创作思潮波及我国，在广州兴建了一批高层商业建筑，反映出现代派创作手法。1936年由中国建筑师李炳垣、陈荣枝设计的爱群大厦，高15层，因地制宜地利用珠江边转角处底层作骑楼式与人行道相连，立面以直线构图为主，设以仿哥特式窗，内部结构为钢框架，是这一时期广州高层建筑代表，被誉为"南中国之冠"。这一时期采用新材料、新形制、新技术的建筑，还包括混凝土或钢桁桥梁、洋式住宅别墅。

近代建筑的材料，从初期砖（石）木混合结构，逐渐演变至19世纪末20世纪初的砖石钢骨混凝土混合结构，至20世纪以后以钢筋混凝土框架结构为主。在建筑形式上，主要是两大类，一是基本上仿西方建筑形式，包括西方古典建筑与"现代派"倾向的建筑；一是探索民族形式与建筑材料、建筑功能相结合而产生"中国固有形式"建筑。前一类的代表性建筑，有广州的石室教堂、海关、大元帅府、财厅、爱群大厦、大新公司、中山大学钟楼；后一类的代表性建筑，有中山纪念堂、广州市府合署楼、中山图书馆、岭南大学马丁堂等。这一时期卓有成就的吕彦直、杨锡宗、林克明等中国的建筑设计大师，在岭南留下一批近代建筑佳作。

（二）近代著名建筑

1. 西式建筑

沙面租界建筑群，全国重点文物保护单位。沙面位于广州珠江岔口的白鹅潭畔，面积22.26万平方米。这里原为一片沙洲，自清咸丰十一年（1861）沦为英法租界。岛内东西分界，主次道路纵横正交，东西走向主道路（现沙面大街）宽30米，南面有平行的次道路（现沙面南街）；南北走向5条次道路（现沙面一至五街），接通环岛路，把沙面岛分成12个区和4块公共用地。岛内建有各国领事馆、教堂、学校、银

清末的广州沙面租界西桥

广州沙面鸟瞰

行、洋行、旅馆、酒店、公园俱乐部以及不少住宅。现存西式建筑150幢，其中较有特色的42幢，展现19世纪末叶以来欧洲各种不同的建筑风格，主要有早期的英法殖民地风格、中期的仿古折中主义风格和中后期的早期现代主义风格。混凝土结构的高层建筑多在沙面北街，砖木结构楼房多在沙面一至五街。各式风格建筑代表，仿古典复兴形式的新古典式，如汇丰银行；以连续拱廊组合主体的券廊式，如亚细亚火油公司（英）；追求装饰动感的新巴洛克式（折中主义），如英国领事馆。

粤海关大楼，全国重点文物保护单位。位于广州沿江西路，建成于1916年，英国工程师戴卫德·迪克设计。仿西方古典主义风格，占地面积4421平方米，通高31.85米。钢筋混凝土框架结构，东、南立面以花岗石构筑，西、北面用红砖砌明口砖墙。高四层，首层作基座式，正中设20级台阶通往设在第二层的大门，大门两侧以直通二、三层的高大的双柱及倚柱承托三角檐门楣，其余各间也以巨型爱奥尼式柱通贯二、三层。四层以罗马塔司干柱式环绕回廊。楼顶正中有穹顶方身钟楼，四面

广州粤海关大楼

广州爱群大厦

广东咨议局旧址

设置时钟，内有1915年制造的5个大小不一的英国吊钟，迄今能以音乐报时。

爱群大厦，在广州沿江西路，建成于1937年，是岭南第一座钢筋混凝土构筑高层建筑。建筑师李炳垣、陈荣枝根据业主提出的"高冠全市、建筑坚固、设备舒适"的要求设计，占地约800平方米，楼高15层（13层以上为塔楼）64米，为美国现代主义风格。外墙强调垂直线以突出高耸效果。首层沿街为跨越人行道的骑楼。

孙中山大元帅府旧址，全国重点文物保护单位。在广州纺织路，原为广东士敏土（水泥）厂办公楼，清光绪二十一年（1895）建，孙中山两次在此建立革命政权。旧址大院内有两幢三层楼房，占地面积分别为646平方米、598平方米，砖木结构，廊券式风格，四周有3米宽走廊。

广东咨议局旧址，全国重点文物保护单位，在广州中山三路广州起义烈士陵园内。清宣统元年（1909）清政府学习西方议会政治而建此场所，孙中山在此宣誓就任非常大总统，第一次国共合作期间，这里是国民党中央党部所在地。两层仿古罗马式楼房，建筑面积2499平方米。

大厅上8条大柱支撑半球形锌铁皮屋顶，周围设回廊，后座3间大室彼此相通。

广东省财政厅，在广州北京路。建于1919年，由法、德两国工程师设计，混凝土、砖木混合结构，仿古典折中主义建筑。主体建筑高5层，底层基座式，二、三层立面为巨柱式，券柱结构，屋顶正中一间采用双巨柱式。弧形阶梯从室外直上二层。四层为方窗洞，双圆壁柱。五层用双方壁柱。屋顶正中为穹顶八角形厅。

嘉南楼，在广州西濠口，是三座广州早期大型西式建筑总称，包括嘉南堂南楼（今新华酒店）、西楼（今新华书店）以及南华一楼（今新亚酒店）。杨锡宗设计，建于1919至1921年。建筑面积共11000平方米，各楼均高7层约30米。英国古典式，外形差异主要表现在骑楼阳台设计上，分别为尖顶拱、扁圆拱和直线圆柱。

培正中学白课堂，在广州培正中学校内，建于清光绪三十四年（1908），林秉伦设计。砖木结构券廊式二层楼，因内外墙批荡抹白得称。长方形平面，占地404平方米，楼高9.5米，有5间课室，砖墙承重，密肋楼板，桁架瓦顶。

师范学堂钟楼，全国重点文物保护单位，在广州文明路。此处在清

广州师范
学堂钟楼

211

末为两广优级师范学堂，民国为广东高等师范学堂，首层为国民党第一次全国代表大会会址，曾为中山大学校址。砖木结构，平面似山字形，面积2888平方米，前部二层，后部单层，顶楼四面装有时钟。

2. 民族固有形式建筑

岭南大学校园，在今广州新港西路中山大学校园内，前身为美国人创办于清光绪十四年（1888）的格致书院，光绪三十年（1904）迁至今址康乐村，1952年与中山大学合并。岭南大学校园规划沿袭美国早期校园规划模式，南北中轴线，教学区集中于中心，教授住宅、学生宿舍在东侧。20世纪30年代，校园占地面积近百万平方米。学校建筑基本由美国建筑师设计，采用中西合璧建筑形式，建筑个体结合平面形式，盖以不同组合的经过简化或变形的中国式大屋顶。学生宿舍形制大致相同，教学楼和员工居处呈现不同风格。建成于清光绪三十三年（1907）的马丁堂（今人类学系），3层11开间，由美国纽约斯托顿建

岭南大学怀士堂

广州中山纪念堂

筑事务所设计，是中国最早采用砖石钢筋混凝土混合结构的建筑物之一。格兰堂、荣光堂力求体现严谨对称的风格，美国基金委员会（今中山大学党委）、马应彪夫人护养院、岭南大学住宅呈现灵活变化的巴洛克风格。1913年设计的怀士堂（今小礼堂）呈现巴洛克风格，地上3层、地下1层，前半部为方形，主体建筑歇山顶，有两座对称塔楼，中间为直通二层的步级；后半部五角攒尖顶，屋顶有数处高耸气窗。

中山纪念堂，全国重点文物保护单位。在广州越秀山南麓，吕彦直设计，建于1928—1931年，占地6万平方米。正门为三拱屋宇式门楼，入门为3万平方米的草坪，堂前立孙中山铜像。主体建筑为八角形宫殿式建筑，建筑面积8700多平方米，以四个重檐歇山顶门廊，拱托着中央八角攒尖巨顶，通高56米，装饰富有民族风格的彩绘图案，宝蓝色琉璃瓦面色彩鲜明。堂内大厅带楼座近5000个座位，是当时中国最大的会堂建筑。大厅北面为舞台，东西南面有相连挂楼，设有6条梯道11个进出口，全部观众5分钟可疏散完毕。墙体内8个钢筋混凝土巨柱支承着4个跨度约30米的大型钢桁架，构成巨伞般八角形顶盖结构，30米跨度不见一柱。空间、采光、空气流通、回音混响控制都得到巧妙解决。

广州市府合署大楼，在广州府前路。林克明设计，1934年建成，原设计三期施工，只建成第一期。大楼为钢筋混凝土结构，中式建筑饰

广州市府合署大楼

件及图案装饰，建筑面积1.3万平方米。前座通阔88米，中楼高5层33.3米，两角楼为四角重檐攒尖顶。侧翼东西两楼各两层，重檐十字脊顶。首层作基座处理。

中山大学旧址，在广州，位于今华南理工大学、华南农业大学校址。1934—1937年建，全部建筑均由杨锡宗、林克明、郑校之及余清江、关心舟等设计，历30个月先后完成。建筑风格大体分四类：一是仿中国古典建筑，多为双层钢筋混凝土框架，红色砖墙上置钢窗，仿传统木结构混凝土构件，琉璃瓦大屋顶，如理学院、化工系、法学系等教学楼；二是中西合璧式，如文学院，在大屋顶仿古建筑前加上罗马柱廊鼓形柱前廊；三是完全摆脱大屋顶，仅在局部点缀某些中国传统的小构件、纹样、线脚等民族格调，时称"现代的中国建筑"，如华南理工大学体育馆；四是采用现代建筑风格，如发电厂、电话所、图书馆，明快不加装饰，一些教师住宅更显示出不拘一格的设计方式。

陶陶居茶楼，在广州第十甫，创建于清光绪六年（1880），1933年改建为混凝土结构三层楼。楼前采面灰塑，西式门面，顶上盖中国古典六角亭。楼内陈设典雅，装饰华美，环境舒适。

3. 纪念建筑

　　黄花岗七十二烈士陵园，全国重点文物保护单位。在广州先烈路，是同盟会广州辛亥（1911）三二九起义（史称"黄花岗起义"）烈士墓园。同盟会会员潘达微发动广仁善堂收敛三二九起义烈士遗骸营葬于此。1912年建烈士陵墓，其后续建墓亭、纪功坊、乐台、正门等建筑，至1935年全部建成陵园，占地约13.5公顷。主要建筑汇集中轴线上。花岗石砌筑仿凯旋门式正门，宽32.5米，孙中山题"浩气长存"门额。墓道长230米，中段建有水池和石拱桥，终点为七十二烈士墓。墓呈正方形，中央墓亭内为方声涛隶书墓碑。亭顶悬钟，寓意争取自由的警钟。墓后是纪功坊，坊墙正面刻"浩气长存"四字，坊顶由72块长方形石块砌成献石堆，象征七十二烈士，顶端立石雕自由神像。坊后立着《广州辛亥三月二十九日革命记》碑。陵园西南角为精美石刻侧门，还有红屋、墨池、八角亭、黄花亭、黄花井、石雕龙柱等纪念建筑。园内还有潘达微、史坚如、邓仲元、冯如、王昌、梁固一等多座英烈墓及俞培伦

广州黄花岗七十二烈士陵园

衣冠冢，多为西式建筑风格。

广州东征阵亡烈士墓，在广州长洲岛万松岭，安葬大革命时期在巩固广东革命根据地各次战役中捐躯的黄埔军校师生，1926年落成。纪念坊为花岗石砌筑长方形三拱门。墓道两侧各建一绿色琉璃瓦顶凉亭。烈士墓冢成正方形，正中碑亭立"东江阵亡烈士墓"碑，墓后立"东江阵亡纪功坊"。坊内石壁镶嵌碑刻。坊后为军校入伍生和学生墓群。墓园东翼为蔡光举烈士墓，西翼为军校出身的少将17人合葬墓。

十九路军淞沪抗日阵亡将士陵园，全国重点烈士纪念建筑物保护单位，在广州先烈路沙河顶。1932年为纪念国民革命军第十九路军淞沪抗日牺牲将士，将建设中的国民革命军第十一军公墓改建十九路军坟场。杨锡宗设计并监造，占地约4万平方米。入口处是高16米的花岗石砌筑罗马凯旋门式建筑。墓园主体建筑是高约20米的花岗石砌圆柱体纪功碑，碑座平面十字形，座上立一肩托步枪战士铜像，正面台阶卧伏一对铜狮，石栏基上分列着8个铜鼎。碑后环以罗马式半圆柱廊，两旁门亭亭墙分别嵌着林森、胡汉民撰书碑文。正南方是方柱形花岗石筑《抗日

广州十九路军淞沪抗日阵亡将士陵园

广州十九路军淞沪抗日阵亡将士陵园

阵亡将士题名碑》。东侧和西南角分别为公墓坟地，立有石砌墓包，排列着象征性的水泥棺。墓包北面为十九路军军长蔡廷锴撰并书的《十九路军抗日救国将士之碑》。附近建有抗日亭和先烈纪念馆。

广州中山纪念碑，全国重点文物保护单位，在广州越秀山顶。1926年中国国民党第二次全国代表大会议决兴建，吕彦直设计，建成于1929年。花岗石砌筑方形基座，碑身方锥形，反抛物线轮廓，碑座南门有一圆拱门进入碑内，楼梯盘旋而至顶层。通高37米。

关于岭南建筑文化，还有说不完道不尽的许多话题。概而言之，岭南建筑文化，是中国特色建筑体系中一个分支，立足于特定的地域环境，兼容并蓄地吸收外来文化的滋养，通过延绵不绝的继承与创新，形成其特色鲜明、丰富多彩的自身风格，在中国建筑史中占有其一席之位，在现代化建设中，也为中华文化的继续发展作出了众所瞩目的贡献。